T0123654

essentials

essentials liefern aktuelles Wissen in konzentrierter Form. Die Essenz dessen, worauf es als „State-of-the-Art" in der gegenwärtigen Fachdiskussion oder in der Praxis ankommt. *essentials* informieren schnell, unkompliziert und verständlich

- als Einführung in ein aktuelles Thema aus Ihrem Fachgebiet
- als Einstieg in ein für Sie noch unbekanntes Themenfeld
- als Einblick, um zum Thema mitreden zu können

Die Bücher in elektronischer und gedruckter Form bringen das Expertenwissen von Springer-Fachautoren kompakt zur Darstellung. Sie sind besonders für die Nutzung als eBook auf Tablet-PCs, eBook-Readern und Smartphones geeignet. *essentials:* Wissensbausteine aus den Wirtschafts-, Sozial- und Geisteswissenschaften, aus Technik und Naturwissenschaften sowie aus Medizin, Psychologie und Gesundheitsberufen. Von renommierten Autoren aller Springer-Verlagsmarken.

Weitere Bände in dieser Reihe http://www.springer.com/series/13088

Hermann Sicius

Kupfergruppe: Elemente der ersten Nebengruppe

Eine Reise durch das Periodensystem

Hermann Sicius
Dormagen, Deutschland

ISSN 2197-6708 ISSN 2197-6716 (electronic)
essentials
ISBN 978-3-658-17204-6 ISBN 978-3-658-17205-3 (eBook)
DOI 10.1007/978-3-658-17205-3

Die Deutsche Nationalbibliothek verzeichnet diese Publikation in der Deutschen Nationalbibliografie; detaillierte bibliografische Daten sind im Internet über http://dnb.d-nb.de abrufbar.

Springer Spektrum

Gedruckt auf säurefreiem und chlorfrei gebleichtem Papier

Springer Spektrum ist Teil von Springer Nature
Die eingetragene Gesellschaft ist Springer Fachmedien Wiesbaden GmbH
Die Anschrift der Gesellschaft ist: Abraham-Lincoln-Str. 46, 65189 Wiesbaden, Germany

Diese Buch ist gewidmet:
Susanne Petra Sicius-Hahn
Elisa Johanna Hahn
Fabian Philipp Hahn
Dr. Gisela Sicius-Abel

Was Sie in diesem *essential* finden können

Dieses *essential* gibt Ihnen eine prägnante und umfassende Übersicht über diese Elemente, die relativ weiche und bei nicht sehr hoher Temperatur schmelzbare Metalle sind. Silber und Gold sind wohl in Schmuck am meisten verbreitet. Begleiten Sie uns weiterhin auf der Reise durch die Welt der Nebengruppen!

- Eine umfassende Beschreibung von Herstellung, Eigenschaften und Verbindungen der Elemente der ersten Nebengruppe
- Aktuelle und zukünftige Anwendungen
- Ausführliche Charakterisierung der einzelnen Elemente

Inhaltsverzeichnis

1 Einleitung

Willkommen bei den Elementen der ersten Nebengruppe (Kupfer, Silber, Gold, Roentgenium), deren physikalische und chemische Eigenschaften relativ ähnlich sind. Auch beim Elementenpaar Silber und Gold findet man noch, wenngleich schon deutlich abgeschwächt, Auswirkungen der Lanthanidenkontraktion vor. Silber steht in seinen Eigenschaften dabei nicht mehr deutlich näher an Gold als am Kupfer, man kann ungefähr nur noch von einer Mittelposition sprechen, wie sie in „normalen" homologen Reihen üblich ist. Alle Elemente haben positive Normalpotenziale, wobei Kupfer und Silber typische Halbedelmetalle sind. Gold dagegen ist ein Edelmetall, auch wenn es in seiner Beständigkeit gegenüber Korrosion die des Iridiums nicht erreicht. Die Elemente dieser Gruppe geben meist ein, zwei oder drei äußere Valenzelektronen ab, um eine stabile Elektronenkonfiguration zu erreichen. Bei Kupfer sind die Oxidationsstufen $+1$ und $+2$ am stabilsten, bei Silber $+1$ und bei Gold $+1$ und $+3$. Für das höchste Element dieser Nebengruppe, das Roentgenium, wurden noch so gut wie keine chemischen Untersuchungen durchgeführt. Es ist zu erwarten, dass es sich chemisch ähnlich wie Gold verhält.

Kupfer, Silber und Gold sind alle schon seit Jahrtausenden bekannt. Die erstmalige Darstellung von Atomen des Roentgeniums gelang 1994. Sie finden alle Elemente im unten stehenden Periodensystem in Gruppe N 1.

Elemente werden eingeteilt in Metalle (z. B. Natrium, Calcium, Eisen, Zink), Halbmetalle wie Arsen, Selen, Tellur sowie Nichtmetalle wie beispielsweise Sauerstoff, Chlor, Jod oder Neon. Die meisten Elemente können sich untereinander verbinden und bilden chemische Verbindungen; so wird z. B. aus Natrium und Chlor die chemische Verbindung Natriumchlorid, also Kochsalz.

H. Sicius, *Kupfergruppe: Elemente der ersten Nebengruppe*,
essentials, DOI 10.1007/978-3-658-17205-3_1

Einschließlich der natürlich vorkommenden sowie der bis in die jüngste Zeit hinein künstlich erzeugten Elemente nimmt das aktuelle Periodensystem der Elemente (Abb. 1.1) bis zu 118 Elemente auf.

Die Einzeldarstellungen der insgesamt vier Vertreter der Gruppe der Elemente der zehnten Nebengruppe enthalten dabei alle wichtigen Informationen über das jeweilige Element, sodass ich hier nur eine sehr kurze Einleitung vorangestellt habe.

H 1	H 2	N 3	N 4	N 5	N 6	N 7	N 8	N 9	N10	N 1	N 2	H 3	H 4	H 5	H 6	H 7	H 8
1 H																	2 He
3 Li	4 Be											*5 B*	6 C	7 N	8 O	9 F	10 Ne
11 Na	12 Mg											13 Al	*14 Si*	15 P	16 S	17 Cl	18 Ar
19 K	20 Ca	21 Sc	22 Ti	23 V	24 Cr	25 Mn	26 Fe	27 Co	28 Ni	29 Cu	30 Zn	31 Ga	*32 Ge*	*33 As*	*34 Se*	35 Br	36 Kr
37 Rb	38 Sr	39 Y	40 Zr	41 Nb	42 Mo	43 Tc	44 Ru	45 Rh	46 Pd	47 Ag	48 Cd	49 In	50 Sn	51 Sb	*52 Te*	53 I	54 Xe
55 Cs	56 Ba	57 La	72 Hf	73 Ta	74 W	75 Re	76 Os	77 Ir	78 Pt	79 Au	80 Hg	81 Tl	82 Pb	83 Bi	84 Po	*85 At*	86 Rn
87 Fr	88 Ra	89 Ac	104 Rf	105 Db	106 Sg	107 Bh	108 Hs	109 Mt	110 Ds	111 Rg	112 Cn	113 Nh	114 Fl	115 Mc	116 Lv	*117 Ts*	118 Og

Ln >	58 Ce	59 Pr	60 Nd	61 Pm	62 Sm	63 Eu	64 Gd	65 Tb	66 Dy	67 Ho	68 Er	69 Tm	70 Yb	71 Lu
An >	90 Th	91 Pa	92 U	93 Np	94 Pu	95 Am	96 Cm	97 Bk	98 Cf	99 Es	100 Fm	101 Md	102 No	103 Lr

Radioaktive Elemente *Halbmetalle*

H: Hauptgruppen N: Nebengruppen

Abb. 1.1 Periodensystem der Elemente

2 Vorkommen

Kupfer kommt mit einer Konzentration von 100 ppm in der Erdhülle vor und ist damit für ein Halbedelmetall sehr häufig, dagegen sind Silber bzw. Gold mit 0,08 bzw. 0,004 ppm sehr selten. Roentgenium ist nur durch künstliche Kernreaktionen und auch dann nur in Mengen weniger Atome zugänglich.

H. Sicius, *Kupfergruppe: Elemente der ersten Nebengruppe*, essentials, DOI 10.1007/978-3-658-17205-3_2

3 Herstellung

Kupfer erhält man durch Rösten seines Sulfids und anschließende Reduktion des dabei entstehenden Kupfer-I-oxids mit Kupfer-I-sulfid zu Rohkupfer, das dann noch elektrolytisch raffiniert wird. Silber und Gold müssen erst von anderen, begleitend auftretenden Edelmetallen getrennt werden, wobei sie unter anderem in Königswasser gelöst werden. Silber erzeugt man auch als Nebenprodukt des Röstens von Sulfiden unedlerer Metalle. Oft fallen Silber und Gold im Anodenschlamm des jeweiligen Raffinationsprozesses an.

H. Sicius, *Kupfergruppe: Elemente der ersten Nebengruppe*,
essentials, DOI 10.1007/978-3-658-17205-3_3

4 Eigenschaften

4.1 Physikalische Eigenschaften

Die physikalischen Eigenschaften sind auch in dieser Gruppe mit nur wenigen Ausnahmen regelmäßig nach steigender Atommasse abgestuft. In Analogie zu den Nachbarelementen der zehnten Nebengruppe nimmt vom Kupfer zum Gold nur die Dichte zu, während Schmelzpunkte und -wärmen sowie Siedepunkte und Verdampfungswärmen auf ungefähr konstantem Niveau verbleiben. Die chemische Reaktionsfähigkeit geht vom Kupfer zum Gold deutlich zurück.

4.2 Chemische Eigenschaften

Die Elemente der Kupfergruppe sind nur wenig reaktionsfähig (Kupfer) oder sogar sehr reaktionsträge (Silber und Gold), auch wenn einige andere Metalle wie Iridium noch wesentlich widerstandsfähiger sind. Silber und Gold sind in den meisten Säuren unlöslich, Kupfer ist in dieser Hinsicht reaktionsfähiger. Namentlich Silber und Gold reagieren meist nur unter Anwendung drastischer Methoden, auch mit reaktiven Nichtmetallen (Halogene, Sauerstoff) erfolgt erst bei hoher Temperatur eine Umsetzung.

H. Sicius, *Kupfergruppe: Elemente der ersten Nebengruppe*,
essentials, DOI 10.1007/978-3-658-17205-3_4

Einzeldarstellungen 5

Im folgenden Teil sind die Elemente der Kupfergruppe (1. Nebengruppe) jeweils einzeln mit ihren wichtigen Eigenschaften, Herstellungsverfahren und Anwendungen beschrieben.

5.1 Kupfer

Symbol:	Cu	Kupfer, Seile (Metaswiss Recycling 2009)	Kupfer, Plättchen (Sicius 2016)
Ordnungszahl:	29		
CAS-Nr.:	7440-50-8		
Aussehen:	Lachsrosa, metallisch		
Entdecker, Jahr	Steinzeit (8.000 v. Chr.)		
Wichtige Isotope [natürliches Vorkommen (%)]	Halbwertszeit (a)	Zerfallsart, -produkt	
$^{63}_{29}Cu$ (69,17)	Stabil	-----	
$^{65}_{29}Cu$ (30,83)	Stabil	-----	
Massenanteil in der Erdhülle (ppm):		100	
Atommasse (u):		63,546	
Elektronegativität (Pauling ♦ Allred&Rochow ♦ Mulliken)		1,9 ♦ K. A. ♦ K. A.	
Normalpotential: $Cu^{2+} + 2\,e^- > Cu$ (V)		0,34	
Atomradius (berechnet) (pm):		135 (145)	
Van der Waals-Radius (pm):		140	
Kovalenter Radius (pm):		132	

H. Sicius, *Kupfergruppe: Elemente der ersten Nebengruppe*, essentials, DOI 10.1007/978-3-658-17205-3_5

Ionenradius (Cu^{2+}, pm)	72
Elektronenkonfiguration:	[Ar] $3d^{10}4s^1$
Ionisierungsenergie (kJ / mol), erste ♦ zweite:	746 ♦ 1958
Magnetische Volumensuszeptibilität:	$-9{,}6 \cdot 10^{-6}$
Magnetismus:	Diamagnetisch
Kristallsystem:	Kubisch-flächenzentriert
Elektrische Leitfähigkeit([A / (V • m)], bei 300 K):	$5{,}81 \cdot 10^7$
Elastizitäts- ♦ Kompressions- ♦ Schermodul (GPa):	110-128 ♦ 140 ♦ 48
Vickers-Härte ♦ Brinell-Härte (MPa):	343-369 ♦ 235-878
Mohs-Härte	3,0
Schallgeschwindigkeit (longitudinal, m/s, bei 293,15 K):	3570
Dichte (g / cm^3, bei 293,15 K)	8,92
Molares Volumen (m^3 / mol, im festen Zustand):	$7{,}11 \cdot 10^{-6}$
Wärmeleitfähigkeit [W / (m • K)]:	400
Spezifische Wärme [J / (mol • K)]:	24,44
Schmelzpunkt (°C ♦ K):	1085 ♦ 1358
Schmelzwärme (kJ / mol)	13,3
Siedepunkt (°C ♦ K):	2595 ♦ 2868
Verdampfungswärme (kJ / mol):	305

Geschichte

Eine umfangreichere Verwendung des Kupfers fand ab dem 5. Jahrtausend v. Chr. statt. Die darauf folgende Zeit bis zum 3. Jahrtausend v. Chr. nennt man daher auch Kupferzeit. Im römischen Reich produzierte man um das Jahr 0 herum schon 15.000 t jährlich (!) (Hong et al. 1996). Kupfer war aber in reiner Form zu weich und überzog sich nach einiger Zeit mit grünem Kupferhydroxid („Grünspan"), sodass man es mit Zinn und Blei zu einer damals als „Bronze" bezeichneten, widerstandsfähigeren und auch härteren Legierung verarbeitete. (Korrekt versteht man heute unter reiner Bronze eine Legierung aus viel Kupfer und wenig Zinn, die frei von Blei ist.) Auch Messing, bestehend aus Kupfer und Zink, kannte man schon im antiken Griechenland.

Vorkommen

Kupfer kommt vereinzelt gediegen in der Natur vor, ist als Mineral anerkannt und erscheint in der Klassifizierung der Minerale nach Strunz unter der Nr. „1.AA.05", in der Systematik nach Dana unter „01.01.01.03". Weiterhin gibt es verschiedene Kupfermineralien wie Bornit, Malachit, Cuprit, Chalkosin und Cornwallit, es kommt aber sehr häufig auch als Begleiter vieler Minerale anderer Elemente vor. Die größten Vorkommen lagern in Chile, Peru, Sambia, Kanada, den USA und der Mongolei, in Europa sind Schweden, Polen und Portugal wichtig. Chile ist auch mit Abstand der größte Produzent des Metalls weltweit, vor Peru und den USA. Weltweit sind heute noch rund 600 Kupferminen in Betrieb.

Die Kupfererze kommen in großer Menge und mit hoher Konzentration des Metalls vor, sodass ein Abbau wirtschaftlich möglich ist. Man gewinnt Kupfer beispielsweise aus Chalkosin (Kupferglanz, Cu_2S) oder Chalkopyrit (Kupferkies, $CuFeS_2$), gelegentlich auch aus Bornit (Buntkupferkies, Cu_5FeS_4), Atacamit [$CuCl_2 * Cu(OH)_2$] oder Malachit [$Cu_2(OH)_2CO_3$].

Gewinnung

Kupferkies ($CuFeS_2$) röstet man zunächst unter Zusatz von Koks, wobei Kupferstein (*Kupfer-I-sulfid, Cu_2S,* mit wechselndem Gehalt an Eisensulfid) und Eisenoxide entstehen. Jene verschlackt man mit quarzhaltigen Zuschlägen zu Eisensilikat, das auf dem Kupferstein schwimmt und abgegossen wird:

$$6\,CuFeS_2 + 10\,O_2 \rightarrow 3\,Cu_2S + 2\,FeS + 2\,Fe_2O_3 + 7\,SO_2$$

$$Fe_2O_3 + C + SiO_2 \rightarrow Fe_2SiO_4 + CO$$

Den so gebildeten, rohen Kupferstein gießt man dann in einen Konverter und bläst Luft in die Schmelze ein. Zunächst wird dadurch das noch verbleibende Eisensulfid zu Eisenoxid geröstet, das man durch Zusatz weiterer kieselsäurehaltiger Stoffe erneut als Schlacke bindet und von der Schmelze abgießt. Etwa 70 % des Kupfersteins wird hierbei zum *Kupfer-I-oxid (Cu_2O)* oxidiert (Schlackenblasen). Nach dem Abgießen der eisenhaltigen Schlacke reagiert der Rest des Kupfer-I-sulfids (Cu_2S) mit dem schon entstandenen Kupfer-I-oxid, wobei sich Rohkupfer und Schwefel-IV-oxid bilden (Garblasen):

$$2\,Cu_2S + 3\,O_2 \rightarrow 2\,Cu_2O + 2\,SO_2$$

$$Cu_2S + 2\,Cu_2O \rightarrow 6\,Cu + SO_2$$

Das so erzeugte Rohkupfer besitzt einen Kupfergehalt von ca. 98 %. Daneben enthält es mehrere Metalle wie Eisen, Zink, aber auch kleinere Mengen an Silber und Gold. Zur weiteren Reinigung raffiniert man das Kupfer elektrolytisch; der Elektrolyt ist eine schwefelsaure Lösung von Kupfer-II-sulfat, die Anode besteht aus dem gerade produzierten Rohkupfer und die Kathode aus reinem Kupfer. Im Verlauf der Elektrolyse gehen Kupfer und alle im Vergleich zu Kupfer unedleren Metalle in Lösung, während sich die edleren als Anodenschlamm abscheiden. Letzterer dient so zur Gewinnung von Edelmetallen.

$$Cu^{2+} + 2\,e^- \rightarrow Cu$$

Die Anode löst sich also langsam auf und das in der Lösung befindliche Kupfer, und ausschließlich dieses, scheidet sich an der Kathode als reines Kupfer mit einer Reinheit von bis zu 99,99 % wieder ab.

Schon vor etwa 1000 Jahren begann man in China, Kupfer durch sogenanntes Zementieren herzustellen, indem man Eisen in Lösungen von Kupfer-II-sulfat gab. Darauf schied sich Kupfer auf dem Eisen ab, nachteilig war dabei die relativ starke Verunreinigung des Kupfers durch Eisen (Lung 1986).

Kupfer ist auch aluminothermisch durch Erhitzen eines aus Kupfer-II-oxid und Aluminiumgrieß bestehenden Gemisches hergestellt worden. Zusatz eines Fließmittels wie Calciumfluorid ermöglicht das Auflösen oxidischer Schlacke und erhöht die Ausbeute an Metall. Da für ein solches Verfahren aber das relativ teure Aluminium eingesetzt werden muss, ist dieser Weg nicht von kommerziellem Interesse.

Eigenschaften

Physikalische Eigenschaften: Kupfer ist mit einer Dichte von 8,92 kg/m^3 ein Schwermetall mit einem Schmelzpunkt von 1083,4 °C. Es ist relativ weich und ein sehr guter Leiter sowohl für elektrischen Strom als auch für Wärme. Soll Kupfer als Leiter in Stromkabeln eingesetzt werden – es hat eine sehr hohe Leitfähigkeit pro cm^2 Leitungsquerschnitt –, so muss es frei von die Leitfähigkeit herabsetzenden Verunreinigungen wie Eisen und Phosphor sein. Kaltstreckung erhöht die Festigkeit gegossenen Kupfers erheblich, jedoch sind Kaltverformungen ohne zwischenzeitliches Glühen gut durchzuführen. Ab Temperaturen von 700 °C kann man Kupfer gut schmieden und pressen.

Chemische Eigenschaften: Das hellrote Kupfer läuft an der Luft an und ändert seine Farbe in rotbraun. Der oft über lange Zeit hinweg verlaufende Korrosionsprozess bewirkt am Ende den Verlust des Metallglanzes und die Bildung einer blaugrünen Schicht von basischem Kupfer-II-carbonat an der Metalloberfläche.

Kupfer tritt in den Oxidationsstufen 0 bis +4 auf; am häufigsten sind +1 und +2. Die Oxidationsstufe +2 ist auch in wässriger Lösung die beständigste. Die Oxidationsstufen +3 und +4 treten nur sehr selten auf, wie beispielsweise in Cs_2CuF_6. Kupfer-II-salze sind in der Regel blau oder grün.

Salzsäure greift Kupfer nur in Gegenwart von Sauerstoff und Wasserstoffperoxid, dann aber stark, an. Heiße, konzentrierte Schwefelsäure löst es ebenso wie konzentrierte Salpetersäure oder Königswasser. Auch stärkere organische Säuren korrodieren Kupfer unter Umständen stark, nicht aber Laugen.

Kompaktes Kupfer ist nicht brennbar, wohl aber fein verteiltes. An der Luft ist es durch eine dünne Schicht von Kupfer-II-oxid vor weiterer Oxidation geschützt. Bei Rotglut reagiert es mit Sauerstoff unter Bildung einer dicken Schicht aus

Kupferoxiden. Auch Fluor passiviert Kupfer, indem auf der Metalloberfläche eine aus *Kupfer-II-fluorid* (CuF_2) bestehende Passivschicht bildet. Flüssiges Kupfer besitzt ein hohes Lösungsvermögen für Gase, auch für Sauerstoff und Wasserstoff. Diese können, wenn sie beim Erstarren der Schmelze miteinander reagieren, zur Bildung unerwünschter Risse und Poren im Werkstück führen (Wasserstoffversprödung).

Verbindungen

Verbindungen mit Chalkogenen: Kupfer-I-oxid (Cu_2O) ist ein gelber bis rotbrauner, kubisch kristallisierender Feststoff der Dichte 6,0 g/cm^3, der bei einer Temperatur von 1235 °C schmilzt und beim Erhitzen schwarz wird (vgl. Abb. 5.1). In der Natur kommt die Verbindung in Form des Minerals Cuprit vor.

Kupfer-I-oxid stellt man entweder durch Umsetzung von Kupfer-II-oxid mit Kupfer bei erhöhter Temperatur oder durch Thermolyse von Kupfer-II-oxid bei Temperaturen oberhalb von 800 °C her (Brauer 1978, S. 979). Alternativ ist die Darstellung auch durch

$$CuO + Cu \rightarrow Cu_2O$$

Reduktion von Kupfer-II-salzen im alkalischen Milieu durch Hydrazin und Aldehyde möglich. Des Weiteren kann man auch Kupfer-I-halogenide mit Alkalihydroxid umsetzen.

Die Verbindung ist nahezu unlöslich in Wasser, dagegen gut in verdünnten Säuren. In Ammoniakwasser löst sie sich unter Bildung des Kupfer-I-diamminkomplexes $[Cu(NH_3)_2]^+$. Während trockenes Kupfer-I-oxid an der Luft beständig ist, reagiert das feuchte Produkt leicht zu blauem Kupfer-II)-hydroxid oxidiert. Mit verdünnter Salpeter- bzw. Schwefelsäure disproportioniert es zu Kupfer-II-nitrat bzw. -sulfat und Kupfer. Wasserstoff reduziert Kupfer-I-oxid bei erhöhter Temperatur zu metallischem Kupfer.

Kupfer-I-oxid ist ein Halbleiter mit einer direkten Bandlücke von ca. 2 eV und hat ein hohes Lochleitungsvermögen, jedoch wurde es schon vor langer Zeit von

Abb 5.1 Kupfer-I-oxid. (Dorgan 2007)

Silicium, Germanium und III-V-Verbindungshalbleitern wie beispielsweise Galliumarsenid verdrängt. Weitere Anwendungen sind fäulnishemmende Anstriche für Schiffskörper, Rotpigment für Glas und Emaille, Fungizid und auch für organische Synthesen als Katalysator.

Das schwarze, amorph oder kristallin auftretende *Kupfer-II-oxid (CuO)* schmilzt bei einer Temperatur von 1326 °C und hat die Dichte 6,48 g/cm^3. In der Natur kommt es in Form des Minerals Tenorit vor. Man kann die Verbindung entweder durch Erhitzen und so bewirkte Pyrolyse von Kupfer-II-nitrat oder -carbonat oder aber durch Erwärmen frisch gefällten Kupfer-II-hydroxids herstellen (Brauer 1978, S. 979). Kupfer-II-oxid entsteht auch beim Erhitzen metallischen Kupfers an der Luft. Es ist unlöslich in Wasser und Alkoholen, wohl aber in verdünnten Säuren unter Bildung der jeweiligen Kupfer-II-salze. In Ammoniakwasser löst es sich in Form des blauen Kupfertetrammin-Komplexes ($[Cu(NH_3)_4]^{2+}$).

Kupfer-II-oxid gibt beim Erhitzen auf Temperaturen um 800 °C Sauerstoff ab und geht in Kupfer-I-oxid über. Jenes entsteht auch, wenn man fein verteiltes Kupfer mit Kupfer-II-oxid erhitzt. Bei höheren Temperaturen lässt sich Kupfer-II-oxid durch Wasserstoff oder Kohlenmonoxid zu Kupfer reduzieren.

Man verwendet Kupfer-II-oxid als Farbpigment für Glas und Keramik. Es dient ferner als Kathode in Batterien, als Katalysator, für fäulnishemmende Anstriche und zur Entschwefelung von Erdöl. Seine Mischoxide mit anderen Metalloxiden besitzen außergewöhnlich hohe Sprungtemperaturen um 100 K (−173 °C) und bilden die Klasse der Hochtemperatur- oder keramischen Supraleiter (Rietschel 1998).

Kupfer-I-sulfid (Cu_2S) ist ein blauer bis blaugrauer Feststoff mit einem Schmelzpunkt von 1100 °C und der Dichte 5,6 g/cm^3, den man bei erhöhter Temperatur durch Zusammenschmelzen der Elemente unter Vakuum erhalten kann (Brauer 1978, S. 981). In der Natur kommt das Sulfid als Mineral Chalkosin vor. Die Verbindung ist unlöslich in Wasser und nur sehr schlecht in Salzsäure. Bei Temperaturen bis 110 °C liegt die orthorhombische β-Form vor, oberhalb von 110 °C die α-Form mit hexagonaler Kristallstruktur. Einsatz findet Kupfer-I-sulfid in Anstrichfarben und zur Herstellung von Nanokristallschichten.

Kupfer-II-sulfid (CuS) ist ebenfalls ein schwarzer, wasserunlöslicher, jedoch elektrisch leitfähiger Feststoff der Dichte 4,6 g/cm^3, der bei 507 °C unter Zersetzung zu Schwefel und Kupfer-I-sulfid schmilzt, falls unter Luftausschluss gearbeitet wird (vgl. Abb. 5.2). Seine Kristallstruktur ist hexagonal; es tritt auch in der Natur als Mineral Covellin auf.

In feuchter Luft oxidiert die Verbindung langsam zu Kupfer-II-sulfat; nur an trockener Luft ist es beständig. Rösten an der Luft ergibt Kupfer-II-oxid und Schwefel-IV-oxid. In verdünnten wässrigen Mineralsäuren ist Kupfer-II-sulfid

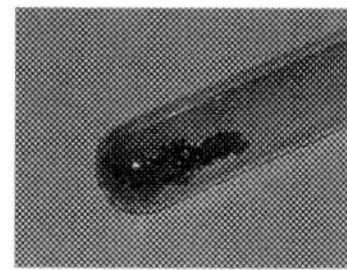

Abb. 5.2 Kupfer-II-sulfid. (Pelant 2005)

nicht löslich; dagegen reagiert es beispielsweise mit der oxidierendend wirkenden, konzentrierter Salpetersäure zu Kupfer-II-sulfat, Stickstoffoxid und Wasser:

$$3\,CuS + 8\,HNO_3 \rightarrow 3\,CuSO_4 + 8\,NO + 4\,H_2O$$

Man kann Kupfer-II-sulfid durch Einleiten von Schwefelwasserstoff in eine wässrige Lösung eines Kupfer-II-salzes darstellen, aus der es dann als schwarzer Niederschlag ausfällt, durch Erhitzen einer aus Kupfer-I-sulfid und Schwefel bestehenden Mischung (Brauer 1978, S. 982) oder durch gemeinsames Erhitzen der Elemente in stöchiometrischem Verhältnis (Blachnik und Müller 2000). Die Fällung als schwarzes Kupfer-II-sulfid dient auch als Nachweis von Kupfer im Trennungsgang der Kationen, wenn das ausgefällte Sulfid anschließend in Salpetersäure gelöst wird und man die in Lösung befindlichen Cu^{2+}-Ionen dann durch Zusatz von Ammoniakwasser in den schon zitierten, blauen Kupfertetrammin-Komplex überführt. Ein Einsatzgebiet sind ebenfalls keimhemmende Anstriche.

Kupfer-I-selenid (Cu_2Se) erhält man durch Reaktion pulverförmigen Kupfers mit Selenin stöchiometrischem Verhältnis bei Temperaturen zwischen 300 °C und 400 °C (Brauer 1978, S. 983). Der blauschwarze Feststoff schmilzt bei 1113 °C, besitzt die Dichte 6,84 g/cm^3 und kristallisiert unterhalb einer Temperatur von 131 °C tetragonal (β-Cu_2Se), oberhalb dieser Temperatur kubisch (α-Cu_2Se). In der Natur kommt es in Form der Minerale Bellidoit und Berzelianit vor.

Auch *Kupfer-II-selenid (CuSe)* findet man in der Natur, unter dem Namen Klockmannit. Man erhält den schwarzen Feststoff durch Einleiten von Selenwasserstoff in eine wässrige Lösung eines Kupfer-II-salzes oder aber durch Erhitzen/peritektische Zersetzung von Kupferdiselenid ($CuSe_2$) (Chakrabarti und Laughlin 1981). Die Verbindung schmilzt bei einer Temperatur von 550 °C unter Zersetzung und hat eine Dichte von >6 g/cm^3.

Kupfer-II-selenid ist zwar in Wasser unlöslich, reagiert aber mit Mineralsäuren meist unter Freisetzung von Selenwasserstoff und Bildung des entsprechenden Kupfer-II-salzes. Die bis zu einer Temperatur von 51 °C stabile α-Modifikation kristallisiert hexagonal und damit isotyp zu Kupfer-II-sulfid (Schröcke und Weiner 1981, S. 223). Auch Kupfer-II-selenid ist ein Halbleiter und dient auch als Katalysator beim Aufschluss nach Kjeldahl.

Kupfer-I-tellurid (Cu_2Te) ist ein blauschwarzer, geruchloser Feststoff vom Schmelzpunkt 1127 °C und der Dichte 7,27 g/cm^3, der praktisch unlöslich in

Wasser ist. In der Natur kommt es in Form des Minerals Weissit vor. Die Kristallstruktur der Verbindung ist bei Raumtemperatur hexagonal, jedoch durchläuft die Struktur bis zum Schmelzpunkt mehrere Umwandlungen. Man kann Kupfer-I-tellurid durch Schmelzen von Tellur und Kupfer unter einer Schutzschicht aus Alkalichlorid darstellen (Brauer 1978, S. 983). Jedoch ist auch der Anodenschlamm der elektrolytischen Raffination von Kupfer eine Quelle zur Isolierung der für Kontakte von Cadmiumtellurid-Solarzellen wichtigen Verbindung (Nguyen et al. 2013). Vorlage:Infobox Chemikalie/Summenformelsuche.vorhanden.

Verbindungen mit Halogenen: Kupfer-I-fluorid (CuF) ist nicht beständig und bestenfalls als Zwischenprodukt der Zersetzung von Kupferkomplexen (Chowdhuri et al. 2000) oder durch Schmelzen von Kupfer mit Kupfer-II-fluorid darstellbar. Die unter diesen Bedingungen entstehende rote, transparente Substanz (D'Ans und Lax 1997) zerfällt beim Abkühlen noch in der flüssigen Phase wieder (Köhler et al. 1998).

Das weiße *Kupfer-II-fluorid* (CuF_2) ist luftempfindlich und in kaltem Wasser nur wenig löslich. Heißes Wasser zersetzt es hydrolytisch (vgl. Abb. 5.3). Die Verbindung mit Schmelz- bzw. Siedepunkt von 836 °C bzw. 1676 °C hat in wasserfreiem Zustand die Dichte 4,23 g/cm^3 und kann durch Umsetzung von Kupfer-II-chlorid mit Fluor oder alternativ von Kupfer-II-oxid mit Fluorwasserstoff bei Temperaturen um 400 °C erzeugt werden (Brauer 1975, S. 246).

Kupfer-II-fluorid kann weitere Fluoridionen anlagern, wobei sich Fluorokomplexe wie $(CuF_4)^{2-}$ oder $(CuF_6)^{4-}$ bilden. Als Feststoff liegt Kupfer(II)-fluorid in verzerrter Rutilstruktur vor. Geschmolzenes Kupfer-II-fluorid zersetzt sich langsam unter Abgabe von Fluor zu einer Mischung von Kupfer und Kupfer-I-fluorid. Verwendung findet die Verbindung zur Fluorierung hitzebeständiger aromatischer Kohlenwasserstoffe, da Temperaturen um 500 °C hierfür aufzuwenden sind (Subramanian und Manzer 2002). Kupfer-II-fluorid wird auch als Fluorierungsmittel für einige schwere, sonst wenig reaktive Übergangsmetalle wie etwa Tantal eingesetzt.

Reines *Kupfer-I-chlorid (CuCl)* ist, da es wie auch die anderen Kupfer-I-halogenide diamagnetische Cu^+-Ionen mit einer d^{10}-Elektronenkonfiguration enthält, schneeweiß, ist aber infolge Oxidation zu basischem *Kupfer-II-chlorid [Cu(OH)Cl]* meist grün (vgl. Abb. 5.4). In der Natur kommt es in Form des Minerals Nantokit vor.

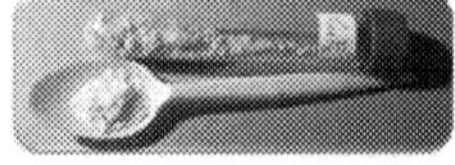

Abb. 5.3 Kupfer-II-fluorid. (Mangl 2007)

Abb. 5.4 Kupfer-I-chlorid. (Benjah-bmm27 2007)

Abb. 5.5 Kupfer-II-chlorid, wasserfrei. (Softyx 2002)

Abb. 5.6 Kupfer-II-chlorid-Dihydrat. (Walkerma 2005)

Die bei Temperaturen von 430 °C bzw. 1490 °C schmelzende bzw. siedende, nur schwer in Wasser lösliche wasserfreie Verbindung der Dichte 4,14 g/cm^3 ist auf mehreren Wegen zugänglich. Hierzu zählen beispielsweise die Reduktion von Kupfer-II-sulfat mit Natriumdisulfit in halbkonzentrierter Salzsäure, die Reduktion von Kupfer-II-chlorid mit Kupfer oder Zink in kochender Salzsäure (und anschließendem Verdünnen mit Wasser) oder auch das Einleiten von Schwefel-IV-oxid in eine kochsalzhaltige, wässrige Lösung von Kupfer-II-sulfat. In der Technik setzt man Kupfer mit Chlor in entsprechendem stöchiometrischen Verhältnis bei Temperaturen zwischen 500 und 900 °C um (Richardson 1997).

Bei Raumtemperatur kristallisiert Kupfer-I-chlorid im Zinkblende-Typ (Brauer 1978, S. 973). Die Verbindung lagert leicht weitere Moleküle wie Ammoniak, Acetylen und Olefine unter Komplexbildung an (Cotton und Wilkinson 1967, S. 837), weshalb man Kupfer-I-chlorid für viele organische Reaktionen wie die Umwandlung aminierter in halogenierte Aromaten nach Sandmeyer, die Oxidation von Olefinen oder die oxidative Synthese von Acrylnitril einsetzt.

Wasserfreies, monoklin kristallisierendes *Kupfer-II-chlorid* ($CuCl_2$) ist braun (vgl. Abb. 5.5), das Dihydrat orthorhombischer Struktur grün (vgl. Abb. 5.6) (Brownstein et al. 1989). Letzteres kann man durch Erhitzen auf 100 °C wieder in die wasserfreie Form zurückführen. In der Natur kommt die Verbindung als Mineral Tholbachit vor, bei dem zuerst eine oktaedrische Koordinationsgeometrie des Cu^{2+} -Ions nachgewiesen wurde (Burns und Hawthorne 1993). Die technische Synthese der bei einer Temperatur von 630 °C schmelzenden Verbindung der Dichte 3,4 g/cm^3 verläuft einfach durch Chlorieren von Kupferblechen. Im Labormaßstab liefert das Auflösen von Kupfer-II-oxid in Salzsäure das Dihydrat (vgl. Abb. 5.6).

Kupfer-II-chlorid findet Verwendung als Katalysator bei organischen Synthesen, zum Beispiel bei der Oxychlorierung. Des Weiteren ist es unter anderem Bestandteil pyrotechnischer Produkte (zur Erzielung einer grünen Farbe der Flamme) und von im Weinbau verwendeten Fungiziden.

Das in reiner Form nahezu farblose *Kupfer-I-bromid (CuBr)* besitzt eine Dichte von 4,98 g/cm^3 und schmilzt bzw. siedet bei Temperaturen von 492 °C bzw. 1345 °C (vgl. Abb. 5.7). Es ist durch Auflösen fein verteilten Kupfers in Bromwasserstoffsäure, durch Reduktion $2\,Cu + 2\,HBr \rightarrow 2\,CuBr + H_2$ von Kupfer-II-bromid mit Sulfiten oder auch, wie für Kupfer-I-chlorid schon beschrieben, durch Einleiten von Schwefeldioxid in eine kaliumbromidhaltige, wässrige Lösung von Kupfer-II-sulfat herstellbar (Brauer 1978, S. 974). Bis hinauf zu einer Temperatur von 391 °C liegt es als γ-CuBr mit einer Kristallstruktur vom Zinkblende-Typ vor. Bei Raumtemperatur ist es schwer löslich in Wasser und ebenfalls kaum oder nicht in organischen Lösungsmitteln lösbar. Gut löst es sich dagegen in Ammoniak, Halogenwasserstoffsäuren oder Salpetersäure.

Da es an der Luft langsam oxidiert, nimmt es allmählich eine grüne, durch Anwesenheit von Cu^{2+} -Ionen hervorgerufene Farbe an (vgl. Abb. 5.8).

Auch Kupfer-I-bromid ist wie das Chlorid ein guter Katalysator für die Sandmeyer-Reaktion. In pyrotechnischen Leuchtfarben zieht man es wegen der noch höheren Intensität des emittierten Lichtes Kupfer-I-chlorid vor (Koch 2015).

Das grünschwarze *Kupfer-II-bromid ($CuBr_2$)* hat die Dichte 4,7 g/cm^3 und schmilzt bzw. siedet bei 498 °C bzw. 900 °C. Man gewinnt es entweder aus den Elementen, aus Kupfer-II-oxid und Bromwasserstoffsäure oder elegant aus Kupfer-II-chlorid und Bor-III-bromid (Brauer 1978, S. 977). Die Verbindung ist hygroskopisch und löst sich in großen Mengen in Wasser (559 g/L bei 20 °C) unter Bildung einer blauen Lösung (Carter et al. 1928). Kupfer-II-bromid kristallisiert in der Cadmiumiodid-Struktur und zersetzt sich beim Erhitzen unter Abgabe von

Abb. 5.7 Kupfer-I-bromid wasserfrei. (Wampenseppl-commonswiki 2013)

Abb. 5.8 Kupfer-I-bromid nach längerem Stehen an der Luft. (Benjah-bmm27 2007)

Brom zu Kupfer-I-bromid. Mit diesem milden Bromierungsmittel gelingt es, Ketone in α-Bromketone zu überführen (King und Ostrum 1964).

Kupfer-I-iodid (CuI) ist in reinstem Zustand ebenfalls weiß, färbt sich aber schneller als das analoge Bromid an der Luft infolge Abspaltung von Iod, aber auch Oxidation zu Kupfer-II-verbindungen erst gelblich und mit fortschreitender Exposition immer dunkler (vgl. Abb. 5.9). Es schmilzt bzw. siedet bei Temperaturen von 605 °C bzw. 1290 °C und weist eine Dichte von 5,62 g/cm^3 auf. Die Substanz kristallisiert nicht in einer eindeutigen Struktur; es liegen vielmehr verschiedene Grundmuster wie $(CX)_4$-Cubane oder -Ketten vor, die in Komplexverbindungen sogar einzeln identifiziert werden konnten (Röttgers 2001; Wells 1984, S. 410, 444).

Industriell stellt man Kupfer-I-iodid durch Überleiten von Ioddampf auf Kupfer her. Im Kleinmaßstab entsteht beim Versetzen der wässrigen Lösung eines Kupfer-II-salzes mit Kaliumiodidlösung zunächst Kupfer-II-iodid, das sofort zu Iod und Kupfer-I-iodid zerfällt.

Verbindungen mit Pnictogenen: Das dunkelgrüne *Kupfer-I-nitrid* (Cu_3N) stellt man durch Umsetzung von Kupfer-II-fluorid mit Ammoniak her (Brauer 1978, S. 984). Die Verbindung schmilzt bei einer Temperatur von 450 °C im Vakuum unter Zersetzung, besitzt die Dichte 5,84 g/cm^3, kristallisiert kubisch (Xiao et al. 2011) und ist bei Raumtemperatur an der Luft beständig. Beim Erhitzen auf etwa 400 °C erfolgt mit Sauerstoff zügige Oxidation unter Bildung von Kupfer-II-oxid und Stickstoff. In verdünnten Mineralsäuren sowie konzentrierter Salzsäure ist Kupfer-I-nitrid unter Bildung von Kupfer, des jeweiligen Kupfer- und Ammoniumsalzes löslich. Stark oxidierende Säuren wie konzentrierte Schwefel- und Salpetersäure zersetzen die Substanz mit heftiger Reaktion.

Sonstige Verbindungen: Kupferhydrid (CuH) wird durch Reaktion von Kupferiodid mit Lithiumaluminiumhydrid in Pyridin hergestellt (Brauer 1978, S. 971), ebenso erfolgt eine glatte Umsetzung zum Produkt zwischen Kupfer-I-bromid und Diisobutylaluminiumhydrid in Pyridin. Starke Reduktionsmittel überführen selbst Kupfer-II-sulfat in Kupferhydrid (Holleman et al. 1995, S. 288). Das

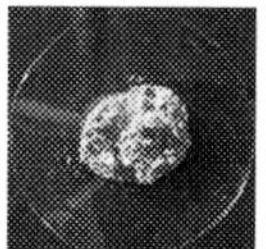

Abb. 5.9 Kupfer-I-iodid wasserfrei. (Walkerma 2005)

hellrotbraune, im Wurtzit-Typ kristallisierende Pulver ist an der Luft selbstentzündlich und nur bis zu einer Temperatur von 60 °C (unter Wasser- und Luftausschluss) stabil, darüber hinaus erfolgt unter Umständen exlosionsartige Zersetzung. In absolutem Pyridin ist es mit dunkelroter Farbe löslich. Man verwendet es zur stereoselektiven Synthese exocyclischer tetrasubstituierter Enolether und Olefine (Blachnik et al. 1998, S. 428).

Pentakupfersilicid (Cu_5Si) ist silberfarben, geruchlos, schmilzt bei einer Temperatur von 825 °C und hat die Dichte 7,8 g/cm^3. Man gewinnt es durch Schmelzen stöchiometrischer Mengen von Kupfer und Silicium unter Luftabschluss bei ca. 800 °C (Chromik et al. 1999; Rochow 2013; Janiak et al. 2013). Die Verbindung ist unlöslich in Wasser und kristallisiert kubisch (Gottstein 2013).

Pentakupfersilicid dient unter anderem als Kontakt in Lithiumakkumulatoren. Bei der Produktion gewöhnlicher Chips nutzt man dünne Filme aus Pentakupfersilicid, um die Kupferkontakte der Chips zu passivieren und so Diffusion und Elektromigration noch besser zu unterdrücken. Man findet das Pentakupfersilicid auf der metallisierten Rückseite aller Chips und eventuell auf deren Kanten und Ecken. Der negative Effekt andererseits besteht in einem größeren Volumen des Chipmaterials, was wiederum zu strukturellen Beschädigungen führen kann (Maier 2015).

Das nahezu weiße *Kupfer-I-cyanid* ($CuCN$) ist fast unlöslich in Wasser und schmilzt bei einer Temperatur von 473 °C. Man stellt es durch Versetzen wässriger Lösungen von Kupfer-II-sulfat und Natriumcyanid her, wobei Natriumsulfat, Dicyan und Kupfer-I-cyanid gebildet werden. Einsatz findet es beim Galvanisieren oder als nukleophiles Reagenz zur Überführung von Arylhalogeniden in Arylnitrile (Rosenmund-Von Braun-Reaktion; Supniewski und Salzberg 1928).

Das grauweiße bis weiße *Kupfer-I-sulfat* $[Cu(SO_4)_2]$ ist durch Reaktion von Kupfer mit Schwefelsäure bei Temperaturen um 200 °C zugänglich (Brauer 1978, S. 984). Ein zweiter Darstellungsweg beinhaltet die Umsetzung von Kupfer-I-oxid mit Dimethylsulfat bei 160 °C unter Argon (Berthold und Born 1987). In Kontakt mit Wasser disproportioniert die Verbindung zu Kupfer-II-sulfat und Kupfer, wogegen sie an trockener Luft beständig ist. Die Kristallstruktur ist orthorhombisch (Berthold et al. 1988).

Kupfer-II-sulfat ($CuSO_4$) findet man der Natur wegen seiner guten Wasserlöslichkeit nur in Wüstengebieten als Mineral Chalkanthit. Es ist die wichtigste Verbindung des Kupfers und wird technisch als auch im Labor aus Kupfer-II-oxid bzw. auch -sulfid und Schwefelsäure hergestellt. Neben dem wasserfreien Salz gibt es kristallwasserhaltige Hydrate, von denen das blaue, triklin kristallisierende Pentahydrat ($CuSO_4 * 5\ H_2O$) am bekanntesten ist. Beim Erhitzen gibt es nach und nach Kristallwasser ab und geht schließlich in das farblose wasserfreie

Kupfer-II-sulfat über; dieser Vorgang ist umkehrbar. Die Verbindung ist zwar gut löslich in Wasser, nicht aber in vielen organischen Lösungsmitteln (eine Ausnahme ist Glycerin).

Kupfer-II-sulfat besitzt viele Anwendungen, so beispielsweise beim galvanischen Verkupfern, zur Farberzeugung in pyrotechnischen Artikeln, zur Herstellung kupferhaltiger Farben und bei der künstlerischen Ätzung von Kupfer. Es ist Bestandteil fungizider Pflanzenschutzmittel, die unter anderem auch im Weinbau verwendet werden.

Das wasserfreie, weiße Kupfersulfat dient als Trocknungsmittel, zum Beispiel zur Herstellung wasserfreien Ethanols; die Wasseraufnahme bewirkt eine Blaufärbung der Verbindung (Bildung des Pentahydrates). In der Veterinärmedizin wird es noch gelegentlich als Bakterizid eingesetzt.

Schweinfurter Grün [Kupfer-II-arsenitacetat, $Cu(CH_3COO)_2 * 3\ Cu(AsO_2)_2$*]* wurde im 19. Jahrhundert trotz seiner damals schon bekannten Giftigkeit oft als grüne Malerfarbe hoher Deckkraft und Lichtechtheit verwendet. Ab etwa 1850 setzte man es auch als Pflanzenschutzmittel ein. Erstmals hergestellt wurde es 1805 von Mitis im niederösterreichischen Kirchberg/Wechsel, schon wenige Jahre später begann die industrielle Produktion im Raum Schweinfurt. Wegen immer häufiger auftretenden Vergiftungsfällen verbot Deutschland 1882 die Verwendung von Schweinfurter Grün als Farbe, 1887 auch in wässrigen Bindern. Erlaubt blieb es dagegen als Insektizid (!) und als Bestandteil von Anstrichfarben für Schiffe.

Das einfache Herstellverfahren aus der Anfangszeit behielt man über viele Jahrzehnte fast unverändert bei, indem man kochende wässrige Lösungen von Kupferacetat und arseniger Säure (Arsenik, As_2O_3) vereinigte. Der dabei entstehende Niederschlag bildet nach mehrtägigem Stehen glänzende, grüne Kristalle, die man dann abtrennte und trocknete. Wahlweise ließ man die Lösungen vor dem Zusammengießen noch einige Zeit weiter separat kochen, wenn die Farbe eine höhere Deckkraft haben sollte. Zur Erzielung von Zwischenfarbtönen mischte man Schweinfurter Grün öfters mit Gips, Schwerspat oder anderen toxischen Produkten wie Bleisulfat oder Chromgelb (!).

Anwendungen

Kupfer findet wegen seiner relativen Beständigkeit gegenüber Korrosion sehr breite Anwendung, unter anderem in Elektroinstallationen, in Münzen, Essbesteck und Kunstgegenständen. Kupfer besitzt die zweithöchste spezifische Leitfähigkeit für elektrischen Strom und ist so oft das Material der Wahl für Kabel, Leiterbahnen auf Leiterplatten, in integrierten Schaltkreisen, in Transformatoren,

Drosseln usw. Zudem ist hochreines Kupfer sehr resistent gegenüber Ermüdungsbruch und findet oft als Legierungsbestandteil in stark beanspruchten Kabeln und Leitungen Verwendung, wie zum Beispiel in elektrischen Oberleitungen, die aus einer Legierung von Kupfer und Magnesium bestehen.

Andere Legierungen des Kupfers sind Messing (mit Zink), Bronze (mit Zinn) und Neusilber (mit Zink und Nickel). Unterschieden werden dabei Knetlegierungen (Messing und Neusilber), die nur durch Warm- oder Kaltumformung erzeugt werden, und Gusswerkstoffe (Rotguss, Bronzen), die aus der flüssigen Phase heraus vergossen und nach dem Erstarren kaum noch plastisch verformbar sind.

Kupfer dient als Spiegel für Kohlendioxidlaser, da es Infrarotlicht stark reflektiert. Kupfer hat nicht nur eine ausgezeichnete elektrische, sondern auch eine sehr gute Wärmeleitfähigkeit. Daher fungiert es oft als Wärmeleiter. Kupferplatten ätzt man je nach gewünschtem Muster an und verwendet sie anschließend als Druckschablonen für Kupferstiche und Radierungen. Mit Kupferblech deckte man, zum Teil schon vor Jahrhunderten, Dächer; die darauf gebildete Patina passiviert das darunterliegende Metall vor weiterer Korrosion. Weitere Anwendungen sind die Herstellung von Münzen, Farbpigmenten, Tonern, medizinischen Produkten und Oberflächenbeschichtungen.

Analytik

Enthält eine Probe Kupfer, so färbt sie die Boraxperle in der oxidierenden Zone der Flamme blau bis blaugrün, wogegen in der reduzierenden Flammenzone meist keine Färbung beobachtet wird. Im Trennungsgang der Kationen ist Kupfer eines der Elemente, die in der Schwefelwasserstoff-Gruppe als Sulfid gefällt werden. Dieses Kupfer-II-sulfid trennt man zusammen mit den anderen Sulfiden ab, löst sie in Säure und behandelt einen Teil der Probe mit Ammoniakwasser. Bei Anwesenheit von Kupfer bildet sich der tiefblaue Kupfertetramminkomplex ($[Cu(NH_3)_4]^{2+}$). Die Cu^{2+} -Ionen können auch durch Zugabe einer Kaliumhexacyanoferrat-II-Lösung als rotbraunes Kupfer-II-hexacyanoferrat-I ($Cu_2Fe(CN)_6]$) gefällt werden. Darüber hinaus färben Kupferverbindungen die Flamme des Bunsenbrenners grün bis blau.

Quantitativ bestimmt man Kupfer elektrogravimetrisch durch die gewichtsmäßig ermittelte Menge des Kupfers, die sich bei der Elektrolyse der wässrigen Lösung eines Kupfersalzes auf einer Platinnetzkathode niederschlägt. Weitere Methoden sind die Iodometrie, die komplexometrische Bestimmung mit Titriplex gegen Murexid, die Polarografie, AAS, ICP-MS oder Inversvoltammetrie (Neeb 1969).

Physiologie, Toxizität

Schon in geringen Mengen wirkt Kupfer auf zahlreiche Mikroorganismen toxisch. Im Rahmen einzelner Bauprojekte erfolgt daher die Verwendung von mit Kupfer beschichteten Türklinken, beispielsweise in Krankenhäusern zwecks besserer Desinfektion (Bonnet 2009). Legierungen des Elementes mit einem Kupferanteil von mindestens 60 % deaktivieren auch Noroviren (Warnes und Keevil 2013). Sehr geringe Mengen an Kupfer verhindern beispielsweise die Verkeimung von Blumenwasser. Für höhere Lebewesen ist Kupfer oft nur schwach giftig, lediglich im -seltenen- Fall der Krankheit Morbus Wilson erleiden Organe, die über einen langen Zeitraum hinweg Kupferverbindungen speicherten, aber nicht mehr abgaben, Schädigungen (Ala et al. 2007).

Kupferverbindungen bewährten sich auch als Mittel zur Bekämpfung von Schnecken.

Für die meisten höheren Lebewesen ist Kupfer essenziell, da es in zahlreichen Enzymen enthalten ist. Der Mensch sollte täglich 1–1,5 μg Kupfer aufnehmen; besonders Schokolade, Leber, Getreide, Gemüse und Nüsse enthalten Kupfer. Kupfer ist auch Bestandteil des Hämocyanin, des blauen, Sauerstoff transportierenden Blutfarbstoff der Insekten.

Mangelerscheinungen beim Menschen können durch Unterernährung, verringerte Absorption (bei Morbus Crohn oder Mukoviszidose) oder gleichzeitige vermehrte Aufnahme anderer Schwermetalle bewirkt werden (Mercer 1998; Lutsenko et al. 2007). Sehr wahrscheinlich ist, dass ein gestörter Stoffwechsel des Kupfers im Gehirn das Entstehen der Alzheimer-Krankheit begünstigt (Bayer 2003). Verabreichung größerer Mengen an Kupferverbindungen ergab aber keine Rückführung des Zustandes bei schon an Alzheimer Erkrankten (Kessler et al. 2008). Andererseits wurde später sogar berichtet, das in das Gehirn eingeführte Kupfer bindende Stoffe die Symptome der Alzheimer-Krankheit abmildern (Bush et al. 2010). Jüngste Ergebnisse zeigten, dass Kupfer sich bei stets hoher Zufuhr in den Hirnkapillaren ablagert und den Abtransport von Beta-Amyloid stört, wodurch die Entstehung von Morbus Alzheimer gefördert wird (Singh et al. 2013).

In der Medizin setzt man Kupfer-II-sulfat als starkes Brechmittel ein, wie beispielsweise bei der Vergiftung mit weißem Phosphor, der dabei gleichzeitig in Form schwer löslichen Kupferphosphids gebunden wird.

5.2 Silber

Symbol:	Ag		
Ordnungszahl:	47		
CAS-Nr.:	7440-22-4		
Aussehen:	Silberweißglänzend	Silberbarren 5 kg (Kübelbeck 2010)	Silberbarren und–münzen (ETF Extra Magazin2016)
Entdecker, Jahr	Assyrien (5000 v. Chr.)		
Wichtige Isotope [natürliches Vorkommen (%)]	Halbwertszeit	Zerfallsart, -produkt	
$^{107}_{47}Ag$ (51,84)	Stabil	-----	
$^{109}_{47}Ag$ (48,16)	Stabil	-----	
Massenanteil in der Erdhülle (ppm):		0,079	
Atommasse (u):		107,868	
Elektronegativität (Pauling ♦ Allred&Rochow ♦ Mulliken)		1,93 ♦ K. A. ♦ K. A.	
Normalpotential: $Ag^+ + e^- \rightarrow Ag$ (V)		0,799	
Atomradius (berechnet) (pm):		160 (165)	
Van der Waals-Radius (pm):		172	
Kovalenter Radius (pm):		145	
Ionenradius (Ag^+, pm)		81	
Elektronenkonfiguration:		[Kr] $4d^{10} 5s^1$	
Ionisierungsenergie (kJ / mol), erste ♦ zweite ♦ dritte:		731 ♦ 2070 ♦ 3361	
Magnetische Volumensuszeptibilität:		$2{,}4 \cdot 10^{-5}$	
Magnetismus:		Diamagnetisch	
Kristallsystem:		Kubisch-flächenzentriert	
Elektrische Leitfähigkeit([A / (V • m)], bei 300 K):		$6{,}135 \cdot 10^7$	
Elastizitäts- ♦ Kompressions- ♦ Schermodul (GPa):		83 ♦ 100 ♦ 30	
Vickers-Härte ♦ Brinell-Härte (MPa):		251 ♦ 206-250	
Mohs-Härte		2,5-3	
Schallgeschwindigkeit (longitudinal, m/s, bei 293,15 K):		2600	
Dichte (g / cm^3, bei 293,15 K)		10,49	
Molares Volumen (m^3 / mol, im festen Zustand):		$10{,}27 \cdot 10^{-6}$	
Wärmeleitfähigkeit [W / (m • K)]:		430	
Spezifische Wärme [J / (mol • K)]:		25,35	
Schmelzpunkt (°C ♦ K):		962 ♦ 1235	
Schmelzwärme (kJ / mol)		11,3	
Siedepunkt (°C ♦ K):		2210 ♦ 2483	
Verdampfungswärme (kJ / mol):		254	

Geschichte

Silber ist seit Jahrtausenden bekannt und wurde schon von den Assyrern, den Goten, den Griechen, den Römern, den Ägyptern und den Germanen verarbeitet. In der Antike entstammte der größte Teil des Silbers der griechischen Laurion-Mine. Im Mittelalter beutete man Lagerstätten vor allem im Harz, im Thüringer Wald, im Erzgebirge, in Sachsen, in Böhmen, im Schwarzwald und in Norwegen aus. Der mit Abstand wichtigste Silberproduzent der frühen Neuzeit war aber Schwaz, das um 1500 etwa vier Fünftel der gesamten Produktionsmenge stellte und die nach Wien mit 20.000 Einwohnern zweitgrößte Stadt des Habsburgerreiches war (!).

Aus Bolivien (Potosí) importierte Spanien viel Silber nach Europa. War im Hochmittelalter Silber teilweise noch teurer als Gold, so drückte das Überangebot die Preise. Gleichzeitig verdrängten Edelmetalle Silber aus vielen Anwendungen, weil sie noch weniger anfällig gegenüber Korrosion waren als dieses. Heute liegt der Preis des Goldes ungefähr 50mal höher als der des Silbers. Der Niedergang des Silbers wurde beschleunigt durch die Entwicklung verschiedenster Gegenstände aus rostfreiem Stahl (unter anderem Haushaltsgeräte, Bestecke, Leuchter). Im gesamten 20. Jahrhundert entwickelte sich die Fotografie, verbunden mit einer enormen Nachfrage nach Silbersalzen, durch die fortschreitende Digitalisierung der Abbildungstechnik ist der Einsatz von Silberverbindungen in fotografischen Anwendungen aber wieder stark rückläufig.

Für Silber entstehen aber wieder neue Einsatzmöglichkeiten, die die Nachfrage nach oben treiben. Nicht nur die antimikrobielle Wirkung von Silberverbindungen, die gegenüber denen des Kupfers bevorzugt werden, sondern vor allem der Einsatz in Funkantennen von Chips und in Kontakten an der Oberseite von Solarzellen gewinnt stark an Bedeutung.

Vorkommen und Gewinnung

Silber ist mit einem Anteil an der Erdkruste von 0,079 ppm ein seltenes Metall, kommt aber immer noch rund 20mal häufiger als Gold vor. In der Natur fand man es bisher an über 4000 verschiedenen Orten in gediegener Form, meist Körner, seltener aber Nuggets, dünne Plättchen oder Dendrite. Daneben sind die sulfidischen Minerale am wichtigsten, wie der Akanthit (Silberglanz, Ag_2S), Stromeyerit (Kupfersilberglanz, CuAgS) und der Miargyrit (Silberantimonglanz, $AgSbS_2$). Insgesamt waren bis 2010 167 Silberminerale bekannt. Silber als Halbedelmetall ist relativ leicht aus seinen sulfidischen Erzen zu isolieren, oft reicht schon bloßes Erhitzen wie beim Akanthit, worauf sich auf dem Erz dünne Silberdrähte (Silberlocken) bilden können (Jahn 2008).

Silber tritt außerdem in Konzentrationen von maximal 1 % als Begleiter sulfidischer Erze anderer Metalle auf, aus denen es auch industriell gewonnen wird. Hierzu zählen zum Beispiel Bleiglanz (PbS) und Kupferkies ($CuFeS_2$). Es kommt auch in Kombination mit Quecksilber in Amalgamen natürlich (!) vor, so als Kongsbergit (95 % Silber) sowie Arquerit (85–95 % Silber). Auch mit Gold legiert fand man es an bislang 60 Orten vor (Küstelit, 10 bis 30 % Gold).

Die bedeutendsten Lagerstätten des Silbers liegen Nord- und Südamerika (Mexiko, USA, Kanada, Peru, Bolivien). Alleine Peru steuerte im Jahr 2010 fast ein Drittel zur weltweiten Produktion bei, wurde aber 2011 von Mexiko als führende „Silbernation" abgelöst (21); auch China zog inzwischen an Peru vorbei. Im Jahr 2014 förderten Mexiko 4700 t, China 4400 t, Peru 3700 t und Australien 1900 t Silber. Das polnische, auch international aktive Unternehmen KGHM ist mit einer aktuellen Fördermenge von 1200 t/a der größte Produzent der Europäischen Union. Meist gewinnt man Silber aus Silbererzen, die mit Blei-, Kupfer- und Zinksulfiden/-oxiden vergesellschaftet sind. Die weltweite Reserve schätzt man gegenwärtig auf 530.000 t (Katrivanos 2015); diese sollte daher in rund 25 Jahren erschöpft sein, wenn nicht rechtzeitig Verfahren zur Wiedergewinnung aus Abfällen entwickelt und etabliert werden.

Ein Fünftel des Silbers erzeugt man durch Laugung der Erze des Metalls mit 0,1 %iger Natriumcyanid-Lösung. Man zerkleinert das Erz hierfür, gibt die Natriumcyanid-Lösung hinzu und belüftet den Ansatz intensiv. Bei diesem Prozess gehen sowohl elementares Silber als auch seine Erze (Ag_2S, AgCl) als Dicyanoargentat-I ($[Ag(CN)_2]^-$) in Lösung. Das bei dieser Reaktion mitentstehende Natriumsulfid oxidiert man entweder zu löslichem Natriumsulfat oder entfernt es durch Fällung mit Bleisalz (als Blei-II-sulfat). Aus der Lösung fällt man dann Rohsilber durch Zugabe metallischen Zinks aus und reinigt es anschließend weiter.

Will man dagegen Silber aus Bleierzen erzeugen, röstet man diese und arbeitet sie zu rohem Blei auf. Jenes enthält noch bis zu 1 % Silber. Das schon 1842 entwickelte Verfahren des Parkesierens nutzt die unterschiedliche Löslichkeit von Silber und Blei in flüssigem Zink. Hierzu gibt man bei Temperaturen >400 °C Zink zum geschmolzenen Blei und lässt die Schmelze dann abkühlen. Silber ist in geschmolzenem Zink wesentlich leichter löslich als Blei. Nach dem Erstarren dieses aus Zink und Silber bestehenden „Zinkschaums" (oder auch „Armblei" genannt) findet man darin den größten Teil des ursprünglich im Blei enthaltenen Silbers. Der Zinkschaum wird abgetrennt und dann wieder über den Schmelzpunkt des Bleis von 327 °C hinaus erhitzt, sodass der größte Teil des noch darin verbliebenen Bleis schmilzt und entfernt werden kann. Die immer noch alle drei Metalle enthaltende Schmelze erhitzt man bis zum Siedepunkt des Zinks (908 °C) und destilliert das Zink ab. Zurück bleibt das so genannte „Reichblei“ mit einem Silbergehalt von 8–12 %.

Das flüssige Reichblei überführt man in einen Treibofen und leitet einen Luftstrom durch die Schmelze, der für eine vollständige Oxidation des Bleis zu Bleioxid sorgt. Jenes führt man laufend aus der Schmelze ab, die somit immer weiter an Blei verarmt. Das weitaus edlere Silber bleibt dagegen unverändert. Bildet sich schließlich auf der Oberfläche der Metallschmelze keine matt erscheinende Schicht aus Bleioxid mehr, so wird schließlich das glänzende Silber sichtbar. Dieses „Blicksilber“ genannte Produkt enthält schon mehr als 95 % Silber und wird der elektrolytischen Raffination unterzogen.

Die Gewinnung des Silbers aus Kupfererzen erfolgt aus dem Anodenschlamm, den man bei der elektrolytischen Raffination des Kupfers erhält.

Im Moebius-Verfahren reinigt man Rohsilber elektrolytisch. Dazu schaltet man das Rohsilber als Anode in einer mit Silbernitratlösung als Elektrolyten gefüllten Zelle. Die Kathode ist ein Feinsilberblech. Während der Elektrolyse gehen Silber und alle unedleren Bestandteile des Rohsilbers in Lösung. Edlere Metalle wie Gold und Platin fallen unter die Anode und werden als Anodenschlamm abgetrennt, der eine wichtige Quelle für Gold und andere Edelmetalle ist. An der Kathode wird ausschließlich sehr reines Silber abgeschieden (Elektrolyt- oder Feinsilber).

Eigenschaften

Physikalische Eigenschaften: Silber ist ein weiß glänzendes, unter Normaldruck bei Temperaturen von 961 °C bzw. 2212 °C schmelzendes bzw. siedendes Halbedelmetall, das kubisch-flächenzentriert kristallisiert. Schon bei Temperaturen oberhalb von 700 °C, also noch in festem Zustand, ist Silber merklich flüchtig. Mit einer Dichte von 10,49 g/cm^3 (bei 20 °C) ist es ein Schwermetall.

Das nahezu weiß glänzende Silber weist von allen Metallen die stärkste Lichtreflexion auf und wird daher schon seit etwa 150 Jahren in Spiegeln eingesetzt (Hartmann 1858). Je feiner verteilt Silber aber ist, desto dunkler erscheint es. Silber ist zudem allen anderen Metallen hinsichtlich seiner Leitfähigkeit für Wärme und elektrischen Strom überlegen. Ein weiterer Vorteil ist seine außerordentlich große Dehnbarkeit und Weichheit, die das Aushämmern zu extrem dünnen Folien einer Dicke weniger µm oder das Ausziehen zu bis zu 2 km langen Drähten eines Gewichtes von <1 g gestattet (!).

Reines geschmolzenes Silber löst aus der Luft leicht ein mehrfaches Volumen an Sauerstoff, ohne mit diesem zu reagieren. Beim Erstarren der Schmelze entweicht dieser wieder, indem die bereits erstarrte Schmelze plötzlich aufreißt bzw. platzt. Silber mit geringen Anteilen zulegierter Metalle zeigt dieses Phänomen nicht.

Chemische Eigenschaften: Silber ist ein ziemlich reaktionsträges Halbedelmetall, das auch bei erhöhter Temperatur nicht mit Luftsauerstoff reagiert. Enthält die Umgebungsluft allerdings auch nur Spuren an Schwefelwasserstoff, so läuft das Metall nach einiger Zeit dunkel an, da sich auf seiner Oberfläche ein dünner Überzug an Silbersulfid (Ag_2S) bildet. Silber wird nur von heißer konzentrierter Salpetersäure bzw. konzentrierter Schwefelsäure gelöst. Wässrige, cyanidhaltige Medien lösen Silber unter Bildung des Dicyanoargentat-I-Komplexes ($[Ag(CN)_2]^-$). Gegenüber geschmolzenen Alkalihydroxiden ist es beständig.

Verbindungen

Verbindungen mit Halogenen: Das gelbe *Silber-I-fluorid (AgF)* schmilzt bzw. siedet bei Temperaturen von 435 °C bzw. 1150 °C und besitzt die Dichte 5,85 g/cm^3. Es ist im Unterschied zu den anderen Silber-I-halogeniden hygroskopisch und auch gut löslich in Wasser, obwohl es wie diese kubisch kristallisiert. Man kann es aus den Elementen Silber und Fluor oder aber durch Reaktion von Silber-I-oxid bzw. -carbonat mit Flusssäure herstellen (Holleman et al. 2007, S. 1344):

$$Ag_2O + H_2F_2 \rightarrow 2\,AgF + H_2O$$
$$Ag_2CO_3 + H_2F_2 \rightarrow 2\,AgF + H_2O + CO_2$$

Man setzt Silber-I-fluorid in der analogen Farbfotographie als Teil der Beschichtungsmasse ein (Greenwood und Earnshaw 1990, S. 1516). Die Verbindung ist ein mildes Fluorierungsmittel zur Herstellung anderer Elementhalogenide sowie zur Addition von Fluoratomen an C=C-Doppelbindungen, wie dies beispielsweise bei der Darstellung perfluoralkylierter Silberverbindungen erfolgt (Miller und Burnard 1968). Silber-I-fluorid ist in einigen Fluoridierungspräparaten für Zahnschmelz enthalten. Mit Silicium, Bor, Alkalimetallen und Hydriden erolgt oft sehr heftige Reaktion.

Silber-II-fluorid (AgF_2) stellt man aus den Elementen her; alternative Darstellungswege sind die Umsetzungen von Silber-I-fluorid bzw. -chlorid mit Fluzor bei Temperaturen um 200 °C. Das starke Fluorierungsmittel ist ein weißes, bei 690 °C schmelzendes Pulver und empfindlich gegenüber Licht, weshalb es in Behältern aus Teflon, passiviertem Metall oder Quarzglas aufbewahrt werden muss. Bei Raumtemperatur liegt es als „echte“ Silber-II-verbindung vor, bei höheren Temperaturen sind im Produkt Anteile von Silber-I-tetrafluoroargentat-III enthalten (Wolan und Hoflund 1998; Müller-Rösing et al. 2005). Unterhalb der Curietemperatur von −110 °C wird die Verbindung ferromagnetisch (!).

Man setzt Silber-II-fluorid in Mengen von höchstens 100 kg/a unter anderem zur Fluorierung und Herstellung organischer Perfluorverbindungen ein (Osborne et al. 1962), des Weiteren zur -nicht sehr selektiven- Fluorierung aromatischer

Kohlenwasserstoffe (Zweig et al. 1980), zur Darstellung von *Xenondifluorid (XeF_2)* durch Reaktion von Silber-II-fluorid mit Xenon in in wasserfreiem Fluorwasserstoff (H_2F_2) (Levec et al. 1974) oder auch zur Umsetzung von Kohlenmonoxid zu Carbonylfluorid (COF_2).

Silber-I-chlorid (AgCl) ist ein weißer, lichtempfindlicher, sehr schwer in Wasser löslicher Feststoff, der bei einer Temperatur von 455 °C schmilzt (Siedepunkt der Flüssigkeit: 1550 °C). Die Verbindung ist unter Komplexbildung leicht in Ammoniakwasser (Bildung des Silber-I-diamminkomplexes, $[Ag(NH_3)_2]^+$), Natriumthiosulfat- und Kaliumcyanidlösungen löslich und wirkt desinfizierend in mit Trinkwasser gefüllten Behältern. Wegen seiner Schwerlöslichkeit in Wasser dient es als gravimetrischer Standard zur quantitativen Bestimmung des Silbers aus wässriger Lösung. Wegen seiner Lichtempfindlichkeit wurde es oft in fotografischen Filmen, Platten und Papieren verarbeitet. Die nicht polarisierbaren, also korrekte Resultate ergebenden Silber-Silberchlorid-Referenzelektroden ersetzten die früher oft verwendeten Kalomelelektroden weitgehend.

Silber-I-bromid (AgBr) hat die Dichte 6,47 g/cm^3, schmilzt bzw. siedet bei Temperaturen von 430 °C (Bildung einer orangeroten Flüssigkeit) bzw. 1533 °C, ist sehr schwer löslich in Wasser und fällt beim Versetzen der wässrigen Lösung eines Silbersalzes mit Bromid als gelblich-weißlicher Niederschlag aus (Keim 2013). Die Synthese kann auch aus den Elementen, allerdings unter Anwendung drastischer Bedingungen, erfolgen (unter Überdruck bei 500 °C) (Berriman und Herz 1957).

Silber-I-bromid ist in konzentrierter Ammoniak-Lösung mäßig und nur in thiosulfat- und cyanidhaltigen Medien leicht löslich. Im Licht erfolgt schnelle Zersetzung, verbunden mit einer Dunkelfärbung infolge der Abscheidung von Silber (Sitzmann 2009). Diesen Effekt nutzte man in der analogen Fotografie; verstärkt wurde dieser Effekt noch durch gezieltes Dotieren mit Silberformiat (Belloni 2003). Der fotografische Entwicklungsprozess, d. h. die Geschwindigkeit der Entstehung eines latenten Bildes, wird maßgeblich durch die Größe bereits vorhandener ionisierter Cluster von Silberatomen beeinflusst, da jene eine gewisse Mindestgröße haben müssen (Fayet et al. 1985).

Silber-I-iodid (AgI) hat die Dichte 5,67 g/cm^3, schmilzt bei 552 °C und kristallisiert bei Raumtemperatur in der Wurtzit-Struktur (β-AgI). Man fällt es aus wässriger Lösung eines Silber-I-salzes durch Zugabe von Iodiden aus. Diese Reaktion nutzt man in der qualitativen Analyse als Nachweis für Iodid, weil das bei der Fällung entstehende AgI einen gelblichen Niederschlag bildet, der im Gegensatz zu Silberchlorid und -bromid nicht in Ammoniak, sondern nur noch in Natriumthiosulfatlösung löslich ist (Keiter et al. 2003).

Silber-I-iodid existiert in mehreren Modifikationen (Binner et al. 2006). Neben dem bei Raumtemperatur stabilen β-AgI gibt es unter diesen Bedingungen das metastabile γ-AgI mit Zinkblende-Struktur. Bei Temperaturen >147 °C ist das α-AgI die beständigste Modifikation, das eine für diese Verhältnisse hohe elektrische Leitfähigkeit bis zu 2 S/cm besitzt. Im Kristallgitter liegen ein kubisch-innen zentriertes Iodid-Gitter und ein strukturell fehlgeordnetes Gitter von Silberionen vor, letztere können sich also frei bewegen. Lagert man anteilsweise Alkaliionen großen Durchmessers im Gitter ein, wie beispielsweise im Rubidiumsilberiodid (Ag_4RbI_5), so ist es möglich, die Struktur der α-Modifikation und damit auch die exzellente Leitfähigkeit auch bis unter die Raumtemperatur zu senken.

Die Verbindung ist lichtempfindlich und zerfällt dabei langsam in ihre Elemente. An Sonnenlicht verfärbt es sich grün-grau. Man versprüht es, mit Aceton gemischt, aus Flugzeugen, um in der Atmosphäre kleinste Kondensationskerne zur gezielten Regen- oder Hagelbildung zu erzeugen. Zum einen versucht man mithilfe dieser Methode, Hagel- oder Regenschauer zwecks Abschwächung drohender Unwetter vor Erreichen eines gefährdeten Gebietes niedergehen zu lassen (Hagelabwehr), zum anderen will man Wolken über Gebieten gezielt abregnen lassen, die unter Dürre leiden. Beides hat gelegentlich Erfolg, aber nicht immer. Gute Beispiele für die Manipulation des Wetters durch menschliche Einflüsse sind die in Moskau zum 9. Mai und zum 12. Juni eines jeden Jahres abgehaltenen Paraden, bei denen es die Armee bisher immer geschafft hat, die Sonne über Moskau scheinen zu lassen. Die Eröffnungszeremonie der Olympischen Sommerspiele in Peking wurde ebenso frei von störenden Niederschlägen gehalten (Abb. 5.10).

Verbindungen mit Chalkogenen: Silber-I-oxid (Ag_2O) ist ein braunes Pulver der Dichte 7,2 g/cm^3, das schon bei einer Temperatur von 230 °C unter Zersetzung in die Elemente schmilzt. In feuchtem Zustand ist es kaum lichtempfindlich und zersetzt sich beim Trocknen etwas. Es kristallisiert im Kupfer-I-oxid-Typ und löst sich in Wasser etwas mit alkalischer Reaktion unter Bildung von Silber-I-hydroxid. Die Darstellung geht von einer wässrigen Lösung von Silber-I-nitrat aus, zu der Natronlauge gegeben wird. In dem stark alkalischen Milieu fällt Silber-I-oxid als brauner Niederschlag aus (Brauer 1978, S. 998):

$$4\,Ag + O_2 \rightarrow 2\,Ag_2O$$

Abb. 5.10 Aus wässriger Lösung ausgefällte Silber-I-halogenide. (Rrausch1974)

Man setzt es beispielsweise als Katalysator bei der Kupplung von ω-Ketoalkanolen an Benzylbromid oder ähnliche Moleküle unter Verdrängung des Halogens ein (Williamson-Synthese (Tanabe und Peters 1981). Die zur Ableitung der Wärme in Computern verwendeten Wärmeleitpasten enthalten Silber-I-oxid wegen seiner hohe Wärmeleitfähigkeit. Ebenso ist es Bestandteil der zum Beispiel in Armbanduhren eingesetzten Silberoxid-Zink-Batterie.

Silber-I-sulfid (Ag_2S) ist ein schwarzer, in Wasser und Ammoniakwasser praktisch unlöslicher Feststoff eines Schmelzpunkts von 825 °C und der Dichte 7,23 g/cm^3. Es ist durch Zusammenschmelzen von Schwefel mit Silber oder durch Einleiten von Schwefelwasserstoff in angesäuerte, wässrige Lösungen von Silber-I-salzen zugänglich. Andererseits kann man die Verbindung durch Glühen bei Temperaturen um 1000 °C wieder in die Elemente zerlegen (Brauer 1978, S. 1000).

Silberbesteck läuft wegen Bildung von Silber-I-sulfid an seiner Oberfläche dunkel an und muss deshalb gelegentlich gereinigt werden. Am besten behandelt man mit Silberpflegemitteln oder einer heißen Kochsalzlösung, in die ein Stück Alufolie gelegt wurde.

Silber-I-sulfid ist nur in einer wässrigen Lösung von Kaliumcyanid löslich und ist ein elektrischer Isolator, was beim Einsatz des an sich hervorragend den Strom leitenden Silbers in der Elektronik problematisch ist, da aus Silber gefertigte Kontakte in ihrer Wirksamkeit deshalb stark nachlassen können, vor allem wenn in der Umgebungsluft Schwefelverbindungen enthalten sind.

Sonstige Verbindungen: Das farblose, sehr leicht wasserlösliche *Silber-I-nitrat* ($AgNO_3$) hat eine Dichte von 4,35 g/cm^3 und schmilzt bei 209 °C. Erhitzen auf Temperaturen >440 °C führt zur Zersetzung. Hergestellt wird es durch Auflösen von Silber in konzentrierter Salpetersäure (I) oder durch Auflösen von Silber-I-oxid in Salpetersäure (II):

$$\text{(I)}\quad 3\,Ag + 4\,HNO_3 \rightarrow 3\,AgNO_3 + 2\,H_2O + NO$$
$$\text{(II)}\quad Ag_2O + 2\,HNO_3 \rightarrow 2\,AgNO_3 + H_2O$$

Bei Gegenwart von Licht und Staub erfolgt schnell eine Schwarzfärbung der Verbindung, da sie sich zu metallischem Silber und anderen Abbauprodukten zersetzt. Nur sehr reines Silbernitrat ist nicht empfindlich gegenüber Licht. Es denaturiert Eiweiß, da es mit den Bestandteilen des Proteins schwer lösliche Silbersalze bildet. Zudem wirkt Silbernitrat ätzend auf die Haut, da sich auf ihr durch Reduktion sofort schwarzes Silber bildet, das nur mit Hilfe von Kaliumiodidlösung und anschließendem Auswaschen mit einer wässrigen Lösung von Natriumthiosulfat (Fixiersalz) entfernt werden kann.

Silber-I-nitrat ist ein Nachweisreagenz für Chlorid-, Bromid- und Iodidionen, da jene mit Silberkationen sehr schwer wasserlösliche Niederschläge bilden. Zudem nutzt man es zum Nachweis von Proteinen oder auch, gelöst in Methanol, zum Sichtbarmachen von Fingerabdrücken. Die Verbindung ist wesentlicher Bestandteil von Versilberungsbädern. In der Medizin dient es als Adstringens und Ätzmittel („Höllenstein") gegen Aphthen, Geschwüre und Warzen (Kramer 2013). In Kulturmedien sorgt es für die Bereitstellung der als Ethylen-Antagonist wirkenden Silberionen (Bayer 1976).

Silber-I-sulfat (Ag_2SO_4) stellt man durch Auflösen von Silber in heißer konzentrierter Schwefelsäure her. Der weiße Feststoff schmilzt bei einer Temperatur von 655 °C und hat die Dichte 5,45 g/cm^3. Verwendet wird es zum Abtöten von Keimen.

Silberazid (AgN_3) ist ein farbloser, rhombisch kristallisierender, hochexplosiver Feststoff, der durch Umsetzung wässriger Lösungen von Natriumazid mit Silbernitrat aus der Lösung ausgefällt und darauf abfiltriert wird (Brauer 1978, S. 1002). Die Substanz ist empfindlich gegen Schlag und Erhitzen; Lichteinwirkung hat langsame Zersetzung zur Folge. Bei langsamem Erhitzen lässt sich die Substanz ohne explosionsartige Zersetzung (dies ist keine Garantie!) -unter Zersetzung- bei 300 °C schmelzen. Silberazid setzt man als Initialzünder für Sprengladungen ein.

Silberacetylid (Ag_2C_2, „Sprengsilber") ist ebenfalls ein weißer, hochexplosiver Stoff, der sich von Acetylen (Ethin, C_2H_2) ableitet. Die Herstellung erfolgt, um das Risiko einer Explosion so gering wie möglich zu halten, durch Einleiten von Ethin in die ammoniakalische Lösung eines Silbersalzes, worauf Silberacetylid als voluminöser Niederschlag ausfällt. Silberacetylid kann spontan explodieren und hat daher keine technische Anwendung (Köhler et al. 2008).

Anwendungen

In Wertgegenständen: Früher waren Geldmünzen aus Silber im Umlauf; in Deutschland wurde die Landeswährung Taler bis 1871 noch durch den Wert eingelagerter Silberbarren gedeckt. Nach 1871 wurde der Silber- durch den Goldstandard abgelöst. Erst in jüngerer Zeit stieg man auf Münzen aus Edelstahl, Kupfer oder Nickel um, da die Vorräte an Silber bzw. Edelmetallen für die gesamte Geldreserve nicht ausreichen. Silber ist heute nur noch in Sondermünzen enthalten. Allerdings sind Silbermünzen und -barren immer noch eine wichtige Anlageform (Höfling 2009). 925er Silber enthält 92,5 Gew. -% Silber und 7,5 Gew. -% Kupfer, ist die wichtigste Silberlegierung und wird meist zur Herstellung von Münzen, Schmuck und Besteck eingesetzt.

Große Mengen von Silber gehen in die Produktion von Schmuck, Essbesteck und kirchlichen Utensilien. Das Spektrum reicht von olympischen Silbermedaillen bis zu Pokalen und anderen Auszeichnungen (beispielsweise Silberner Bär oder Schuh). In manchen Musikinstrumenten werden Silberteile zur Erzeugung einer besseren Akustik eingebaut.

Sterling-Silber läuft im Gegensatz zu reinem Silber nicht an der Luft an und findet daher oft Verwendung zur Produktion von Essbestecken. Tulasilber verwendete man seit dem Mittelalter zur Dekoration, es ist eine Legierung von Silber, Kupfer, Blei und Schwefel. Neusilber (Alpaca) dagegen enthält kein Silber, sondern ist lediglich eine dem Silber optisch ähnelnde, silbergraue, aus Kupfer, Nickel und Zink bestehende Legierung. aus Kupfer, Nickel und Zink in veränderlichen Gewichtsanteilen.

In Werkstoffen: Silber ist wegen seiner ausgezeichneten elektrischen Leitfähigkeit, der ebenfalls relativ hohen Wärmeleitfähigkeit und des großen optischen Reflexionsvermögens in besonderer Weise für Anwendungen in Elektrik, Elektronik und Optik geeignet. Den Effekt des Silberspiegels nutzt man in optischen Spiegeln, Licht- und Wärmereflektoren sowie zur Herstellung von Christbaumschmuck. In der erst vor einigen Jahren durch die Digitaltechnik abgelösten analogen Fotografie waren Silberverbindungen wesentlicher Bestandteil der auf dem Fotopapier aufgebrachten Beschichtung.

Silber ist in einigen bei relativ niedriger Temperatur schmelzenden Legierungen enthalten, die zum Löten oder Herstellen elektrischer Kontakte genutzt werden.

Silber ist mit vielen Metallen legierbar, so beispielsweise mit Gold, Kupfer oder Palladium, innerhalb bestimmter Grenzen auch mit Chrom, Mangan oder Nickel, um seine Härte zu erhöhen. Keine Legierung ist dagegen mit Cobalt oder Eisen möglich.

In der Medizin: Silber wirkt antiseptisch, daher findet man es entweder in kolloider Lösung, Nanopräparaten oder als Faden in Wundkompressen, Hautcremes (gegen Neurodermitis), in Beschichtungen von Endoprothesen oder endoskopischer Tuben (Mildenberger 1997; Morones-Ramirez et al. 2013; Glehr et al. 2013). Allerdings empfahl das Bundesinstitut für Risikobewertung (BfR) kürzlich, vorerst auf den Einsatz nanoskaligen Silbers oder nanoskaliger

Silberverbindungen in für den Endverbraucher vorgesehenen Produkten zu verzichten (BfR 2009). Mit oben genannten Anwendungen zusammen hängend sind auch antimikrobiotische Silberfäden auf Textilien, antibakterielle Beschichtungen von Oberflächen, Keramiken sowie auch Wasserfilterkartuschen.

In der Katalyse: Silber ist einer der wichtigsten Katalysatoren für Oxidationen, so für die von Ethen zu Ethylenoxid (Kilty und Sachtler 1974; Schlögl et al. 2006) und von Methanol zu Formaldehyd (Sperber 1969; Nagy et al. 1998; Knop Gericke et al. 2009). Umgekehrt besitzt Silber die -allerdings wesentlich schwächer als bei Platin ausgeprägte- Fähigkeit, als Katalysator für Hydrierungen zu wirken. Man nutzt Silber daher als Katalysator für selektive Hydrierungen einzelner C=C-Doppelbindungen oder auch für stereoselektive Reduktionen (Hohmeyer 2009).

Physiologie, Toxizität

Silber wirkt, wie schon oben stehend erwähnt, in feinstverteilter Form bakterizid. In lebenden Organismen werden Silberionen aber oft schnell an Schwefel gebunden und dann aus dem Kreislauf als dunkles, schwer lösliches Silbersulfid ausgeschieden. Die Wirkung des Silbers ist oberflächenabhängig. Dies nutzt man in der Medizin für Wundauflagen und Geräte (z. B. endotracheale Tuben). Unerwünschte Nebenwirkungen einer derartigen Anwendung von Silber können aber die Blockierung von Enzymen und Unterbindung deren lebensnotwendiger Transportfunktionen in der Zelle sowie auch die Schädigung der Festigkeit der Zell- und Membranstruktur sein. Eine verstärkte Absorption von Silberionen im Körper äußert sich unter anderem in der Argyrie, einer irreversiblen schiefergrauen Verfärbung von Haut und Schleimhäuten, Störungen des Geschmacks und Geruchssinns oder sogar plötzlichen Krämpfen. Wie die meisten Schwermetalle reichert sich Silber in Organen wie der Haut, der Leber, den Nieren, der Hornhaut der Augen, im Zahnfleisch, in Schleimhäuten, Nägeln und der Milz an.

Die Wirksamkeit bzw. Schädlichkeit oral verabreichten kolloidalen Silbers ist umstritten. Es gibt bisher keine seriöse Studie, die dessen Wirksamkeit eindeutig belegt. Eine Aufnahme von bis zu 5 μg/kg Körpergewicht und Tag sollen laut EPA (Environmental Protection Act, US-amerikanische Umweltbehörde) für den Menschen keine Gefahr einer möglichen Vergiftung bedeuten.

5.3 Gold

Symbol:	Au		
Ordnungszahl:	79		
CAS-Nr.:	7440-57-5		
Aussehen:	Goldgelb glänzend	Goldbarren (CNBC 2016)	Goldnuggets (finanzen.net 2016)
Entdecker, Jahr	Osteuropa, 5000 v. Chr.		
Wichtige Isotope [natürliches Vorkommen (%)]	Halbwertszeit	Zerfallsart, -produkt	
$^{197}_{79}Au$ (100,0)	Stabil	-----	
Massenanteil in der Erdhülle (ppm):	0,004		
Atommasse (u):	196,967		
Elektronegativität (Pauling ♦ Allred&Rochow ♦ Mulliken)	2,54 ♦ K. A. ♦ K. A.		
Normalpotential: $Au^{3+} + 3\,e^{-} \rightarrow Au$ (V)	1,52		
Atomradius (berechnet) (pm):	135 (174)		
Van der Waals-Radius (pm):	166		
Kovalenter Radius (pm):	136		
Ionenradius (Au^{+}/ Au^{3+} pm)	137 / 91		
Elektronenkonfiguration:	[Xe] $4f^{14}\,5d^{10}\,6s^{1}$		
Ionisierungsenergie (kJ / mol), erste ♦ zweite:	890 ♦ 1980		
Magnetische Volumensuszeptibilität:	$-3{,}5 \cdot 10^{-5}$		
Magnetismus:	Diamagnetisch		
Kristallsystem:	Kubisch-flächenzentriert		
Elektrische Leitfähigkeit([A / (V · m)], bei 300 K):	$4{,}55 \cdot 10^{7}$		
Elastizitäts- ♦ Kompressions- ♦ Schermodul (GPa):	79 ♦ 180 ♦ 27		
Vickers-Härte ♦ Brinell-Härte (MPa):	188-216 ♦ 188-245		
Mohs-Härte	2,5-3		
Schallgeschwindigkeit (longitudinal, m/s, bei 293,15 K):	2030		
Dichte (g / cm^{3}, bei 293,15 K)	19,32		
Molares Volumen (m^{3} / mol, im festen Zustand):	$10{,}21 \cdot 10^{-6}$		
Wärmeleitfähigkeit [W / (m · K)]:	320		
Spezifische Wärme [J / (mol · K)]:	25,42		
Schmelzpunkt (°C ♦ K):	1064 ♦ 1337		
Schmelzwärme (kJ / mol)	12,55		
Siedepunkt (°C ♦ K):	2970 ♦ 3243		
Verdampfungswärme (kJ / mol):	342		

Geschichte

Seit mehreren Jahrtausenden wird Gold verarbeitet, da es sehr beständig gegen chemische Einflüsse ist, keinen sehr hohen Schmelzpunkt besitzt und leicht mit anderen Metallen legierbar ist. In Mittel- und Nordeuropa sind seit dem 3. Jahrtausend vor Christus goldene Gegenstände dokumentiert, die als Grabbeigaben dienten. Im antiken Ägypten beutete man in Oberägypten und Nubien befindliche Goldlagerstätten aus, die Römer waren in den Gebieten der heutigen Türkei und Rumäniens sowie auf der Iberischen Halbinsel aktiv. Die indigenen Völkers Mittel- und Südamerikas beherrschten ebenfalls schon sehr früh die Verarbeitung von Gold und fertigten kompakte Gegenstände aus reinem Gold an, wendeten aber auch die Methode der Vergoldung an. Die Gewinnung erfolgte meist mittels Goldwäscherei, Amalgamation und einfachen Methoden der Trennung verschiedener Metalle voneinander (vgl. Abb. 5.11).

1492, nach der Entdeckung Amerikas, kamen unzählige Europäer, vor allem Spanier, die die dortigen Vorkommen rücksichtslos ausbeuteten und das Gold in Form ganzer Schiffsladungen nach Europa brachten. Ab Mitte des 19. Jahrhunderts gab es die „Goldrausch" genannten massenhaften Einfall von Goldsuchern in Kalifornien (1849), Alaska (1897), später auch in Australien und Südafrika. Nach wie vor steht und fällt mit dem schwankenden Goldpreis der Wohlstand ganzer Bevölkerungsschichten in den meist armen Förderländern.

Vorkommen

Gold gehört mit einem Anteil an der Erdkruste von 0,004 ppm zu den seltensten Elementen. Natürlich schwankt der Anteil je nach Gebiet stark, und in direkt abgebauten Lagerstätten kann der Anteil an Gold mehrere g pro t betragen. Meist tritt Gold gediegen in goldhaltigem Gestein auf. Nahezu die Hälfte des auf der Welt geförderten Goldes stammt aus China, Russland, Australien, den Vereinigten Staaten und Südafrika; wobei in Südafrika der Goldbergbau schon in Tiefen von mehreren tausend Meter vorgedrungen ist. Ebenso wichtig ist aber die Gewinnung des Metalls aus dem Anodenschlamm der Raffination von beispielsweise Kupfer oder Nickel.

Abb. 5.11 Gold-Nuggets aus den USA(oben) und Australien (unten). (Aramgutang 2005)

Das mit Abstand größte Fördergebiet ist das südafrikanische Witwatersrand, wo schon mehr als 40.000 t Gold abgebaut wurden. Man ordnet diese als Paläo-Seifenlagerstätte ein, wobei die mit einem Anteil von 75 % deutliche Mehrheit des gefundenen Goldes als Nuggets vorliegt, die also einst durch Flüsse dorthin gelangten. Die Herkunft des restlichen Viertels wurde früher mit der Hydrothermie begründet, jedoch zeigen neuere Untersuchungen, dass wohl auch dieses Gold ursprünglich aus Flussschottern stammt (Frimmel at al. 2005). Man schätzt, dass Witwatersrand noch mehrere 10.000 t Gold liefern kann, allerdings nur in großer Tiefe, womit die Förderung nur bei hohem Goldpreis noch lohnt (Frimmel 2008).

Man unterscheidet bei Goldlagerstätten verschiedene Typen. Die *mesothermalen Lagerstätten* treten meist in von Urmeeren gebildeten Ablagerungen und Magmatiten auf; sie entstanden meist bei der Bildung von Gebirgen. Dabei gelangten durch Transport in einer heißen flüssigen Phase (250 °C bis 400 °C) Quarz, einige Sulfide (Pyrit) und Gold in die Spalten des Gesteins. Die Gehalte an Gold sind oft hoch, gelegentlich >10 g/t. Diese Lagerstätten findet man in Australien (Victoria), Afrika (Südafrika, Ghana), den USA, Brasilien oder auch im Alpenraum (Hohe Tauern). Meist wird hier ausschließlich Gold abgebaut, wenn denn ein zusätzliches Metall in nennenswerter Menge vorkommt, ist es ausgerechnet Arsen, für das diese Vorkommen sogar eine wichtige Quelle darstellen.

Epithermale Goldlagerstätten sind an das Vorhandensein von Magmatismus am Kollisionen ausgesetzten Rand tektonischer Platten gebunden. Heiße Wässer transportieren das Gold und setzen es auf Gängen verschiedener Höhe wieder ab. Unterschieden wird dabei wiederum zwischen „low“ und „high sulfidation“, wo also unterschiedliche Fluide auch voneinander verschiedene Mineralzusammensetzungen befördert haben, und das in geologisch sehr kurzen Zeiten einiger 10.000 a. Der Gehalt solcher Erze an Gold liegt mit 1 bis 10 g/t etwas niedriger, allerdings können hier ebenfalls sehr große Lagerstätten vorliegen, die mehrere 1000 t Gold führen. Diese Vorkommen befinden sich naturgemäß in Ländern hoher geologischer Aktivität wie Indonesien (Papua-Neuguinea), Neuseeland, Mexiko, Peru und Rumänien.

Die Lagerstätten des Carlin-Typs befinden sich eingebettet in Karbonatgestein, meist in den US-Bundestaaten Utah und Nevada. Zum Aufbau dieser Lagerstätten waren mehrere Mio. a nötig; die Vorkommen umfassen einige bis 100 Mio. t Erz bei einem Goldanteil von 1 bis 10 g/t. In der Regel ist Gold hier an arsenhaltigen Pyrit gebunden, was die Aufarbeitung dieser Erze erschwert und somit verteuert.

In stark eisenoxidhaltigen Körpern, umgeben von Granitgestein, wurden durch Vulkanausbrüche und nachfolgende Spülungen mit hydrothermalem Wasser Gold, Kupfersulfide und Eisenoxide selbst an diversen Stellen abgeladen und so

Lagerstätten des Typs Iron-Oxide-Copper-Gold gebildet. Die wichtigsten dieser Vorkommen befinden sich in Australien (Queensland, South Australia). In Südaustralien bilden diese Lagerstätten auch eine der größten weltweit mit riesiger Reserve (ca. 8,5 Mrd. t), aber niedrigen Gehalten an Metall (0,5–2 % Kupfer, 0,5–1,5 g/t Gold). Die Mine Olympic Dam enthält noch dazu große Mengen an Silber und Uran; für letzteres stellt Olympic Dam sogar das wichtigste (!) Vorkommen der ganzen Welt dar.

Gold findet sich oft in porphyrischen Kupferlagerstätten, umfangreichen Vorkommen in jungen Gebirgen. Die wertvollen Erze kommen feinverteilt in den Gesteinsklüften vor. Die größte Lagerstätte dieses Typs weltweit liegt in den chilenischen Anden (Chuquicamata), wo man >10 Mrd. t Erz vermutet. Zwar ist der Gehalt des Gesteins ziemlich gering (0,5–1 % Kupfer, 0,1–1 g/t Gold), aber das Volumen des erzführenden Steins erlaubt eine wirtschaftliche Produktion.

In von Urmeeren geschaffenen Ablagerungen können bedeutende Goldvorkommen enthalten sein, entweder im Basaltgestein vulkanischen Ursprungs (Volcanic Hosted Massive Sulfides, VHMS) oder in Ablagerungen (Sediment Hosted Massive Sulfides, SHMS). Oft beinhalten diese Vorkommen nur „gewöhnliche" Schwermetalle wie Mangan, Kupfer, Zink und Blei, in einigen von ihnen aber lagern auch förderbare Anteile von Gold, Silber und anderen Wertmetallen. In Deutschland gilt Rammelsberg bei Goslar (SHMS) mit einem geschätzten Vorrat von 28 Mio. t Erz bei einem Goldgehalt von immerhin 1 g/t neben dem dort allgegenwärtigen Blei und Zink als wichtigste deutsche Lagerstätte.

Generell führen fast alle Flüsse weltweit geringste Mengen an Gold, das zuvor in Form kleiner Blättchen im Gestein eingelagert war und dann durch Verwitterung freigesetzt wurde. Aus dem Wasser des Flusses wird es als so genannte *Fluss-Seife* abgelagert.

Man findet diese sogar auf den Geröllfeldern des Rheins im Grenzgebiet zu Frankreich und der Schweiz („Rheingold"). Ein zur Holcim-Lafarge-Gruppe gehörendes Kieswerk bei Rheinzabern ist der einzige offizielle Goldproduzent Deutschlands und gewinnt aus seinen Kiesgruben jährlich einige kg Gold (Seidler 2012).

Die Weltjahresförderung wuchs alleine von 2008 nach 2014 um rund 25 % auf 2.860 t. Diese Menge, gefördert und produziert innerhalb eines einzigen Jahres, übertrifft diejenige, die welweit zwischen den Jahren 500 und 1500 hergestellt wurde, und beträgt das Hundertfache der im 19. Jahrhundert produzierten Menge, vorausgesetzt, die Angaben der damaligen Quellen stimmen. War Südafrika lange Zeit das wichtigste Herstellerland, so wurde es in dieser Funktion 2007 von Australien abgelöst. Schon 2008 übernahm China die Führung. Weitere wichtige

Länder sind Russland, die USA, Peru und Kanada. Man schätzt die weltweit vorhandene Reserve auf 55.000 t (George 2015).

Gewinnung
Gold kommt meist gediegen vor und muss nicht, wie viele andere Metalle, durch Reduktion aus Erzen gewonnen werden. Man braucht es „nur" mechanisch aus dem umgebenden Gestein zu isolieren. Gold ist aufgrund seiner großen Widerstandsfähigkeit gegenüber chemischen Einflüssen nur schwer in lösliche Verbindungen überführbar; daher müssen besondere Verfahren zur Gewinnung des Metalls angewendet werden.

Sehr selten sind mit bloßem Auge sichtbare Körner oder gar Nuggets. Das größte bisher je gefundene Nugget war „Welcome Stranger"; man fand es 1869 in Australien, und es wog 2284 Feinunzen (ca. 71 kg) (!) (Venable 2011). In den meisten Fällen liegt Gold in Form kleinster Teilchen und noch dazu fein verteilt vor, was eine manuelle Sammlung unmöglich macht. In der Regel kombiniert man verschiedene Verfahren, um aus einer Lagerstätte und auch deren Abraumhalden Gold zu gewinnen. Ferner ist Gold Nebenprodukt bei der elektrolytischen Raffination anderer Metalle.

Beim *Goldwaschen* schlämmt man den goldhaltigen Sand, meist an Flüssen, mit Wasser auf, wobei sich das spezifisch schwerere Gold am Boden absetzt und abgetrennt werden kann. Nachteilig sind geringe Ausbeute bei hohem Zeitaufwand, von Vorteil dagegen die gute Ausbeute an groben Goldteilchen, die bei der Cyanidlaugerei manchmal nicht aufgearbeitet werden. Tierfelle können nützlich sein, um mit ihren feinen Haaren Goldfäden zurückzuhalten und so die Ausbeute zu erhöhen. Goldwaschen wird heute auch mit Maschinen durchgeführt.

Beim *Amalgamverfahren* vermischt man die goldhaltigen Sande und Schlämme intensiv mit Quecksilber, in dem sich Gold sowie eventuell andere vorhandene gediegene Metalle wie Silber lösen. Das flüssige bis teigige Goldamalgam ist silbern (Okamoto et al. 1989). Die Mischung von Amalgam und Quecksilber setzt sich wegen ihrer hohen Dichte am Gefäßboden ab und kann abgelassen werden. Durch Erhitzen des Amalgams verdampft Quecksilber und lässt Rohgold zurück. Leider wird dieses Verfahrens gelegentlich immer noch von Goldsuchern, namentlich in armen Ländern, angewendet, die das hochgiftige Quecksilber einfach durch Erhitzen des Amalgams mit Bunsenbrennern verdampfen. Dadurch gelangt es unkontrolliert in die Umwelt, verseucht Böden und Pflanzen, die wiederum Nahrung für Tiere und Menschen sind (Illegale Schürfer 2011).

Im Fall großer Lagerstätten lohnt sich die *Cyanidlaugung*. Gold ist in sauerstoffhaltiger Natriumcyanidlösung unter Bildung des Dicyanoaurat-I-Komplexes ($[Au(CN)_2]^-$) löslich. Dazu mahlt man den goldhaltigen Sand sehr fein, füllt in in Behälter und lässt unter Luftzutritt die hochgiftige Natriumcyanidlösung darüber rieseln. Nach dieser „Extraktion“ befindet sich das Gold gelöst in der wässrigen Phase, aus der es durch Zugabe von Zinkstaub ausgefällt und von dieser abgetrennt wird. Nach Waschen und Trocknen raffiniert man das Metall. Obwohl heute die Cyanidlauge im Kreislauf gefahren und somit zu größtmöglichen Teilen wieder verwendet wird, kommt es immer wieder vor, dass durch Lecks in den Anlagen Natriumcyanid in die Umwelt gelangt. Ein schwerer Nachteil dieses Verfahrens ist auch der Zwangsanfall riesiger Mengen cyanidhaltigen Schlamms entweder in Absetzbecken oder auf Halden.

Ein Zusatz von Borax ist sicher eine umweltfreundlichere Variante, da das Schmelzen von Gold und den vielen es begleiteten Verunreinigungen so bei ziemlich tiefer Temperatur erfolgt, denn Borax wirkt schlackebindend. Dieses so genannte *Boraxverfahren* spart also auch noch Energie (Appel und Na-Oy 2012; Marsden und House 2006). Das Gold setzt sich dann auf dem Boden einer Schmelzpfanne ab, die Oxide schwimmen auf. Steht Borax nicht zur Verfügung, kann man auch auf andere Flussmittel wie Calciumfluorid, Natriumcarbonat oder Natriumnitrat zurückgreifen.

Oft gewinnt man Gold und andere Edelmetalle aus den *Anodenschlämmen* der Raffination unedlerer Metalle wie Kupfer oder Nickel. Die edlen Metalle gehen bei der Elektrolyse nicht in Lösung und fallen unter den als Anodenstab aus Rohkupfer bzw. -nickel.

Gold erzeugt man auch durch Aufarbeitung von Abfällen aus zahntechnischen Labors und Betrieben der Schmuckverarbeitung. Selbst in kommunalen Klärschlämmen können beachtliche Mengen an Gold (>0,1 g/t) enthalten sein (Dönges 2015).

Die Goldvorräte in allen Weltmeeren zusammen genommen schätzt man auf ca. 15.000 t (Falkner und Edmond 1990).

Eigenschaften

Gold ist ein Reinelement, das natürlich nur in Form des Isotops $^{197}_{79}Au$ vorkommt. Gold ist in unlegiertem Zustand sehr weich und kann zu durchscheinenden Blättchen geschlagen werden. Es ist relativ leicht verdampfbar, auch wenn es gerade einmal auf Schmelztemperatur erhitzt wurde.

Von verdünnten Mineralsäuren wird es nicht angegriffen, wohl aber von stark oxidierend wirkenden Säuren wie Königswasser und heißer, konzentrierter Selensäure (H_2SeO_4).

Auch anderweitig ist Gold nicht so edel, wie allgemein angenommen wird. Es ist deutlich reaktiver als Rhodium oder Iridium. Die Halogene Fluor, Chlor und sogar Brom und Iod greifen Gold an (Jansen 2000). In wässrigen Cyanidlösungen ist Gold bei Luftzutritt leicht als Kaliumdicyanidoaurat-I löslich, ebenso in heißen, sauren hydrothermalen Wässern (!) (Zhu et al. 2011). Sogar Huminsäuren vermögen es unter Bildung löslicher Komplexe anzugreifen (Alloway 1999).

Verbindungen

Verbindungen mit Halogenen: Gold-III-fluorid (AuF_3) gewinnt man durch Fluorierung von Gold mit *Brom-III-fluorid (BrF_3)* (Mido und Taguchi 1997), durch Fluorierung von Gold-III-chlorid ($AuCl_3$) (Riedel und Janiak 2011, S. 759) oder durch vorsichtige Thermolyse von Gold-V-fluorid bei Temperaturen um 200 °C. Der diamagnetische, orange-gelbe, hexagonal kristallisierende und hydrolyseempfindliche Feststoff (Perry 2011, S. 191; Bartlett et al. 1991) sublimiert bei etwa 300 °C und zersetzt sich bei weiterem Erhitzen. Im Molekülgitter ist jede AuF_4-Einheit mit zwei anderen dieser Einheiten unter Bildung spiralförmiger Ketten. Mit Fluoridionen bildet Gold-III-fluorid Komplexanionen wie $(AuF_4)^-$ und $(Au_2F_7)^-$ (Schmidt und Müller 1999). Gold-II-fluorid hat fast nur akademisches Interesse und dient zur Präparation meist exotischer Goldverbindungen (Roesky 2012, S. 96).

Das rote, bei einer Temperatur von 60 °C schmelzende *Gold-V-fluorid (AuF_5)* zersetzt sich oberhalb einer Temperatur von 200 °C zu Gold-III-fluorid und Fluor. Diese sehr starke Lewis-Säure kann durch Reaktion thermische Zersetzung von Dioxygenylhexafluoroaurat-V (O_2AuF_6) bei Temperaturen von 200 °C erhalten werden; letzteres erzeugt man durch Umsetzung von Gold in einer Sauerstoff-/Fluor-Atmosphäre bei 350 °C (Bestgen 2016, S. 9; Laguna 2008). In der Gasphase liegt es in Form von Di- oder Trimeren vor.

Das dunkelorangerote, hygroskopische, bei einer Temperatur von 254 °C unter Zersetzung zu Chlor und *Gold-I-chlorid (AuCl)* schmelzende *Gold-III-chlorid ($AuCl_3$)* stellt man durch Überleiten von Chlor über feinverteiltes Gold bei Temperaturen knapp unterhalb des Schmelzpunktes von Gold-III-chlorid her (Brauer 1978, S. 1013). Das einen stark kovalenten Charakter aufweisende Dimer liegt sowohl im Feststoff als auch in der Gasphase vor und besitzt im Unterschied zum ebenfalls dimeren Aluminiumchlorid eine ebene Molekülstruktur. Die Verbindung ist eine Lewis-Säure und gut in Wasser, allerdings unter teilweise Hydrolyse, und Ethanol löslich. In wässriger Lösung wird Gold-III-chlorid durch Alkalien schnell zu Gold-III-hydroxid [$Au(OH)_3$] hydrolysiert, das man abtrennen und durch Erhitzen in Gold-III-oxid (Au_2O_3) überführen kann.

Gold-III-chlorid dient zur Herstellung anderer Goldverbindungen. Man setzt es auch in der organischen Synthese als Katalysator ein, beispielsweise bei der Umsetzung endständiger Alkine mit Wasser zu Methylketonen (Fukuda und Utimoto 1991) (vgl. Abb. 5.12) oder für die Alkylierung aromatischer bzw. heterocyclischer Verbindungen (Dyker 2003) (vgl. Abb. 5.13).

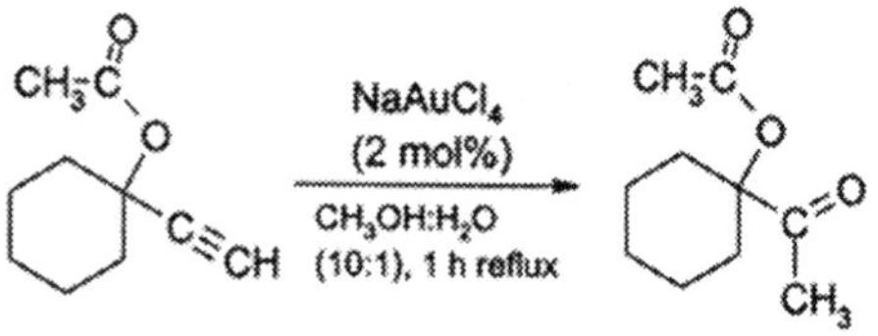

Abb. 5.12 Hydratisierung von Alkinen. (Walkerma 2005)

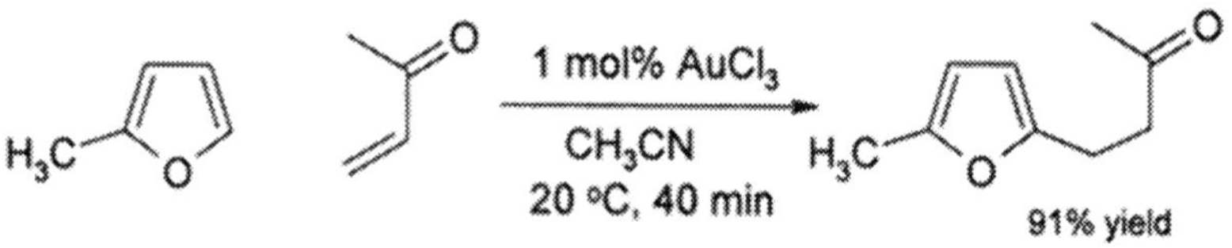

Abb. 5.13 Reaktion von 2-Methylfuran mit Buten-2-on-3, katalysiert durch Gold-III-chlorid. (Walkerma 2005)

Alkinylsubstituierte Furane reagieren unter den gewählten Bedingungen mit einer Erweiterung des Furanringes zu einem Phenol (Hashmi et al. 2000) (vgl. Abb. 5.14).

In Salzsäure bildet sich die bereits bei einer Temperatur von 30 °C schmelzende, stark hygroskopische, in Wasser und Ethanol leicht lösliche und monoklin kristallisierende *Tetrachlorogoldsäure* ($HAuCl_4$) (vgl. Abb. 5.15), die auch direkt durch Auflösen von Gold in Königswasser und anschließendem Abrauchen nitroser Gase zugänglich ist (Sitzmann 2011).

Man verwendet sie in Farbtonbädern für die Photographie sowie für Zwecke der Vergoldung (Brauer 1978, S. 1014). Bei diesen Arbeiten ist Vorsicht geboten, da die Substanz stark ätzend wirkt und auf der Haut zu feinverteiltem Gold zersetzt wird.

Das graue *Gold-III-bromid* ($AuBr_3$) erzeugt man durch Überleiten heißen Bromdampfes über fein verteiltes Gold. Die Verbindung schmilzt bei einer Temperatur von 160 °C, kristallisiert monoklin und liegt im Feststoff ebenfalls in

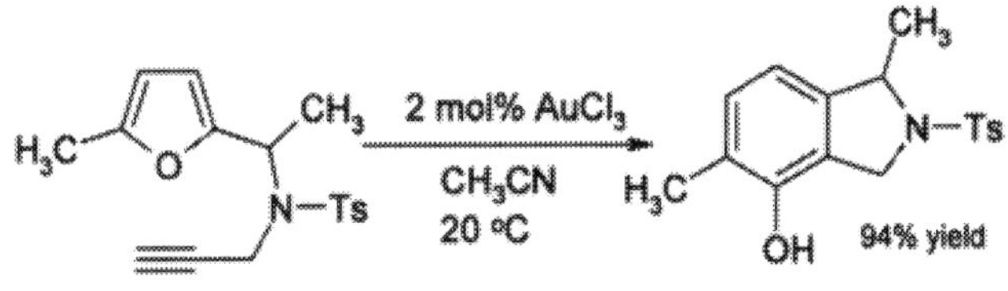

Abb. 5.14 Interner Ringschluss substituierter Furane, katalysiert durch Gold-III-chlorid. (Walkerma 2005)

Abb. 5.15 Kristalline Tetrachlorogoldsäure ($HAuCl_4$). (Chemicalinterest 2011)

Form von Dimeren vor (Hulliger 1977). Man verwendet es in einigen homöopathischen Medikamenten (Albinus 1993).

Das gelbe, tetragonal kristallisierende *Gold(I)-iodid (AuI)* ist sogar durch Überleiten etwa 400 °C heißen Ioddampfes über feinverteiltes Gold erhältlich (Brauer 1978, S. 1014). Alternativ liefert auch die Umsetzung von Tetrachlorogoldsäure-Lösung mit Kaliumiodid das gewünschte Produkt. Die Verbindung schmilzt schon bei 120 °C und wird bei Gegenwart von Wasser und/oder Licht zersetzt (Perry 2011, S. 486).

Verbindungen mit Chalkogenen: Das noch stabilste Oxid ist das rotbraune *Gold-III-oxid* (Au_2O_3), das sich aber ebenfalls beim Erhitzen auf 150 °C in Gold und Sauerstoff zersetzt. Der kristalline, lichtempfindliche Feststoff kristallisiert verzerrt quadratisch planar; ein Goldatom ist dabei von vier Sauerstoffatomen umgeben. Man kann die Substanz durch Reaktion von Gold mit einem Sauerstoffplasma herstellen, oder versetzt wässrige Lösungen von Gold-III-chlorid oder Tetrachlorogoldsäure mit einer ebenfalls wässrigen Lösung von Natriumcarbonat. Das darauf hin ausfallende hydratisierte Gold-III-oxid trocknet man über Silicagel (nicht durch Erhitzen!). Die wasserfreie Verbindung ist nur auf sehr kompliziertem Weg zugänglich (Brauer 1978, S. 1090). Man verwendet Gold-III-oxid zum Färben von Gläsern (Goldrubinglas) und eventuell in der optischen Elektronik.

Das braunschwarze *Gold-I-sulfid* (Au_2S) erhält man durch Einleiten von Schwefelwasserstoff in wässrige Lösungen von Kaliumdicyanoaurat-I, die wiederum leicht durch Auflösen von Gold in wässriger Kaliumcyanidlösung zugänglich sind (Ishikawa et al. 1995):

$$\text{(I)}\quad 4\,Au + 8\,KCN + 2\,H_2O + O_2 \rightarrow 4\,K\left[Au(CN)_2\right] + 4\,KOH$$
$$\text{(II)}\quad 2\,K\left[Au(CN)_2\right] + H_2S + 2\,H_2O \rightarrow Au_2S\downarrow + 2\,KOH + 4\,HCN$$

Gold-I-sulfid kristallisiert kubisch und isotyp zu Silber-I-sulfid und Kupfer-I-oxid. Zwischen Raumtemperatur und 100 °C hat die Verbindung die Eigenschaften eines p-Halbleiters mit der niedrigen Bandlücke von 0,37 eV. Beim Erhitzen an der Luft zersetzt sich die Verbindung zu Gold und Schwefel-IV-oxid. Säuren zersetzen es zu Gold und Schwefelwasserstoff (Morris et al. 2002).

Das schwarze *Gold-III-sulfid* (Au_2S_3) schmilzt bei einer Temperatur von 197 °C und hat die Dichte 8,7 g/cm^3. Zu seiner Darstellung leitet man Schwefelwasserstoff in eine etherische Lösung von Tetrachlorogoldsäure ein. Eine weitere Möglichkeit ist die Umsetzung von in Dekalin gelöstem Gold-III-chlorid mit Schwefel (Brauer 1978, S. 1017; Kristl und Drofenik 2003). Die Verbindung ist in Salpetersäure sowie konzentrierter Natriumsulfid- und Natriumcyanidlösung löslich, nicht aber in anderen Mineralsäuren.

Das rote, kristalline Gold-II-sulfat [$Au_2(SO_4)_2$] wird beim Einengen einer Lösung von Gold-III-hydroxid in konzentrierter Schwefelsäure gebildet. Im Kristallgitter liegen dimere Au_2^{4+}-Kationen vor (Wickleder et al. 2001). Ebenfalls ein Au^{2+}-Ion enthält der Komplex Tetraxenongold-II [$(AuXe_4)^{2+}$], den man beim Auftauen einer bei einer Temperatur von −196 °C eingefrorenen Mischung aus Gold-III-fluorid, Xenon, Fluorwasserstoff und der starken Lewissäure Antimonpentafluorid erhält (Seppelt und Seidel 2000). In Legierungen mit hochreaktiven Alkalimetallen wie Cäsium bildet Gold, in equimolarer Menge miteinander legiert, Cäsiumaurid (CsAu), das in der Schmelze Cs^+- und Au^--Ionen enthält und im Feststoff ein dem Cäsiumchlorid analoges Gitter bildet (Sitzmann 2011).

Anwendungen

Nur ein knappes Zehntel des Goldes werden industriell verwendet, wobei das schon den Einsatz in Dentalprodukten einschließt. Die Häfte der Golderzeugung geht in Schmuckgegenstände und rund ein Drittel wird als Anlage von Investoren gekauft. Viele Zentralbanken stockten ihre Goldreserve in den letzten Jahren stark auf, auf heute ca. 31.000 t. Weltweit sind aktuell rund 170.000 t Gold im Umlauf.

Schmuck und Dekoration: Gold wird entweder in reiner Form oder mit anderen edlen Metallen legiert zu Ringen, Ketten, Armbändern, Uhren etc. verarbeitet. Die weltweit größte Nachfrage nach Goldschmuck kommt aus China und Indien. Für Vergoldungen wird hauchdünn gewalzte und geschlagene Goldfolie (Blattgold) verwendet und auf Bilderrahmen, Bücher, Mobiliar, Figuren usw. geklebt, wobei 1 g Blattgold für die Bedeckung einer Fläche von 0,5 m^2 genügt. Wird Blattgold beleuchtet, so scheint die Lichtquelle blaugrün durch.

Metalle und Kunststoffe lassen sich in galvanischen Bädern mit Gold beschichten. Auf Glas und Keramik kann man goldhaltige Pigmente einbrennen. Die seit der Antike übliche Vergoldung mit Hilfe eines aus Quecksilber und Gold bestehenden Amalgams ist heute wegen der großen Giftigkeit des Quecksilbers nicht mehr üblich; dabei tauchte man den zu vergoldenden Gegenstand in das Amalgam, zog ihn wieder heraus und ließ das Quecksilber verdunsten (!), bis die Oberfläche goldfarben erschien. Die Verarbeitung von Goldpigmenten in der Glasherstellung ist allerdings wegen der hohen Kosten durch presiwertere Verfahren, die dieselbe Wirkung produzieren, ersetzt worden.

Lebensmittel: Gold ist als Lebensmittelzusatzstoff E 175 zugelassen. Man findet es in Überzügen von Süßwaren und Pralinen. In den Spirituosen Danziger und Schwabacher Goldwasser ist es ebenfalls enthalten. Metallisches Gold ist ungiftig und reichert sich im Körper nicht an.

Wertanlagen und Währungen: Gold ist Wertanlage und internationales Zahlungsmittel. Viele Zentralbanken lagern es ein, obwohl diese Goldreserven längst nicht mehr die Währungsmenge decken können. Man sieht Gold als relativ beständige Wertanlage ohne Ausfallrisiko, obwohl sein Preis in den vergangenen Jahren stark schwankte. Dieser wird täglich morgens und nachmittags in London festgelegt und auf eine Feinunze bezogen. Im Wesentlichen ist der Goldpreis von aktuellen Fördermengen in wichtigen Produktionsländern, vom Ölpreis und vom Kurs wichtiger Währungen zum US$ abhängig. Heute sind alle Währungen der Welt nicht mehr an die Goldmenge des jeweiligen Landes gebunden. Das hat aber zur Folge, dass Geldmengen und Schulden extrem stiegen.

Optik: Da Gold namentlich langwelliges Infrarotlicht sehr gut reflektiert, enthalten wärmeabschirmende Beschichtungen auf Gläsern und Spiegeln Gold. Zur spezifischen Veränderung der Leitfähigkeit, je nach gewünschter Anwendung, dotiert man das halbleitende Germanium mit Gold.

Nanopartikel: Goldpartikel im Größenbereich von nm erwiesen sich als sehr geeignete Katalysatoren für organisch-chemische Produktionsverfahren, durch die gelegentlich sogar auf den Einsatz von Lösungsmitteln verzichtet werden kann. Ein Einbau kleinster Goldcluster ermöglicht Studien zur Wirkung von Eiweißen in lebenden Zellen, da einige Biomoleküle Goldatome ziemlich fest binden (Couto et al. 2016); als Fernziel erhofft man sich dadurch auch verbesserte Diagnosen einiger Krankheiten. Einige Gold-Nanopartikel haben ein „strukturelles Gedächtnis“, denn sie werden nach Wechselwirkung mit chiralen Substanzen selbst chiral und bleiben es meist auch (Jadzinsky et al. 2007; Gautier und Bürgi 2008).

Elektronik: Gold verwendet man hier wegen seiner leichten Verarbeitbarkeit und Lötbarkeit sowie seiner großen Beständigkeit gegenüber Korrosion. und hervorragenden Kontaktgabe (hohe Korrosionsbeständigkeit, leichte Lötbarkeit).

Die Kontakte (Bonds) zwischen den Chips selbst und den jeweiligen Anschlüssen integrierter Schaltkreise bestehen teilweise aus reinem Gold, jedoch nimmt man aus Kostengründen Nachteile unedlerer Metalle in Kauf und wechselt wegen des besseren „Preis-Leistungsverhältnisses“ vermehrt zu Kupfer oder Aluminium. Leiterplatten und Steckverbindungen vergoldet man immer noch oft, ebenfalls Kontakte in sicherheitsrelevanten Anlagen wie Signalschaltungen oder Relais in der Bahntechnik.

Medizin: Gold ist Füllung bzw. Ersatz für defekte bzw. fehlende Zähne. In der Therapie von Rheuma zeigt die Anwendung bestimmter goldhaltiger Präparate meist Erfolg, wogegen bei der Behandlung von Arthritis die Gefahr einer zu hohen Zahl von Nebenwirkungen besteht.

Grundlegende Ansprüche an die Eigenschaften: In der Regel bewegen sich alle zur Herstellung von Schmuck verwandten, sämtlich leicht zu bearbeitenden Goldlegierungen im Phasendreieck Gold-Silber-Kupfer (vgl. Abb. 5.16).

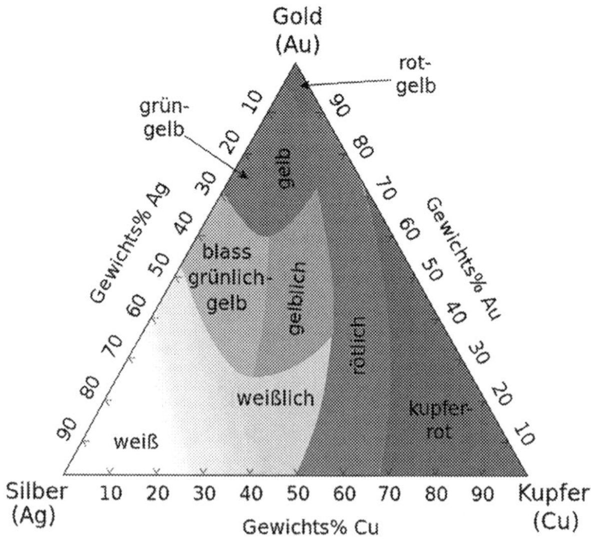

Abb. 5.16 Farben von Legierungen aus Gold, Silber und Kupfer. (Metallos 2009)

Andere Metalle als Kupfer oder Silber ändern die Eigenschaften der Legierung. Geringe Mengen niedrig schmelzender Metalle wie Gallium, Indium, Zinn, Zink oder Cadmium senken Schmelztemperatur und Oberflächenspannung der Metallschmelze, ohne dass sich die Farbe der Legierung wesentlich ändert und den Einsatz in Loten ermöglicht. Dagegen wirken Zusätze von Nickel oder Platin härtend bei gleichzeitigen Einbußen an goldgelbem Glanz. Blei, Bismut und einige Leichtmetalle können ab einem gewissen Mengenanteil sogar eine Versprödung verursachen.

Eine kräftige Eigenfarbe der Legierung bedingt einen Mindestgehalt von 75 Gew. -% Gold (Feingehalt 750; Gelbgold); die restlichen 25 Gew. -% entfallen in der Regel auf Silber. Bereits hier ist aber nur jedes zweite Atom ein Goldatom! Festigkeit und Härte sind dagegen bei einem Feingehalt von 585 am größten, jedoch geht dies teils auf Kosten des Goldglanzes. In einem 333er Weißgold enthält die Menge von elf Metalltomen nur noch zwei Goldatome, weswegen Weißgold bereits ziemlich anfällig gegenüber Korrosion und Anlaufen ist.

Rosé- und Rotgold enthalten Feingold, Kupfer und eventuell geringere Anteile an Silber.

Gelbgold kann neben Silber auch Anteile an Kupfer, dann meist im Verhältnis 1:1 zu Silber, enthalten; dies geschieht je nach gewünschter Farbe der Legierung. In der Schmuckindustrie wird man sich naturgemäß auf mengenmäßig geringe Zusätze von Silber und Kupfer beschränken, um den edlen Charakter des Schmuckes zu erhalten.

Grüngold dagegen enthält kein Kupfer, sondern nur Gold und Silber im ungefähren Atomverhältnis 1:1 (Feingehalt um 650) und wird nur selten verwendet. Ein Zusatz von Cadmium intensiviert den Grünton zwar noch, senkt aber den Schmelzpunkt und die Beständigkeit gegenüber Korrosion deutlich.

Der Sammelname *Weißgold* steht für Goldlegierungen, die größere Anteile an Palladium, Silber oder Nickel aufweisen und ihre goldene Farbe fast völlig verloren haben. Platin bildet mit Gold eine schwere, teure, sehr korrosionsbeständige und gut aushärtbare Legierung. Nickel verleiht dem Gold eine höhere Festigkeit, senkt den Schmelzpunkt der Legierung und macht sie so leicht verarbeitbar, und senkt auch den Preis des Schmuckgegenstands. Allerdings wächst die Gefahr allergischer Reaktionen des Trägers. Daher setzt man Nickel als Bestandteil in Weißgold kaum noch ein, auch wenn derartiges Weißgold früher in der schmuckverarbeitenden Industrie gerne in stark beanspruchten Teilen wie Nadeln, Scharnieren und Verbindungsteilen verwendet wurde.

Palladium ist die bessere, wenn auch wesentlich teurere Alternative zu Nickel. Es ist weicher als Nickel, und die Grundfarbe eines palladiumbasierten Weißgolds ist etwas dunkler. Zur völligen Eliminierung des Goldfarbtons müssen mindestens 13 Gew. -% Palladium zugesetzt werden. Da aber die fertigen Gegenstände auf Basis Palladium und Gold noch oft einer Rhodinierung unterzogen werden, der ihnen einen hellen Metallglanz und bessere Kratzfestigkeit verleiht, ist die Farbe der Basislegierung nicht so wichtig. Im Vergleich zu den nickelhaltigen Varianten liegen Schmelzpunkte, Oberflächenspannung der Schmelze, Dichte und natürlich der Preis jeweils höher. Aus Palladiumweißgold gefertigte Schmuckgegenstände sind meist teurer als solche aus Gelbgold bei sonst gleichem Feingehalt an Gold.

Zur Herstellung von Trauringen schließlich setzt man dem Feingold etwa 1 % Titan zu, das die Festigkeit des Gegenstandes stark verbessert, jedoch die Farbe „vergraut". Außerdem ist beim Gießen der Stücke auf Abwesenheit von Sauer- und Stickstoff zu achten, da Tital sehr leicht mit beiden Elementen reagiert.

5.4 Roentgenium

Symbol:	Rg	
Ordnungszahl:	111	
CAS-Nr.:	54386-24-2	
Aussehen:	----	
Entdecker, Jahr	Hofmann, Armbruster, Münzenberg et al. (Deutschland), 1994	
Wichtige Isotope [natürliches Vorkommen (%)]	Halbwertszeit	Zerfallsart, -produkt
$^{279}_{111}$Rg (synthetisch)	170 ms	α > $^{275}_{109}$Mt
$^{280}_{111}$Rg (synthetisch)	3,6 s	α > $^{276}_{109}$Mt
Massenanteil in der Erdhülle (ppm):		-----
Atommasse (u):		(280)
Elektronegativität (Pauling ♦ Allred&Rochow ♦ Mulliken)		Keine Angabe.
Atomradius (berechnet) (pm):		138 *

Van der Waals-Radius (pm):	Keine Angabe
Kovalenter Radius (pm):	121 *
Elektronenkonfiguration:	[Rn] $5f^{14}\,6d^{10}\,7s^{1}$ (?)
Ionisierungsenergie (kJ / mol), erste ♦ zweite ♦ dritte:	1023 ♦ 2074 ♦ 3078 *
Magnetische Volumensuszeptibilität:	Keine Angabe
Magnetismus:	Keine Angabe
Kristallsystem:	Kubisch-raumzentriert *
Elektrische Leitfähigkeit([A / (V • m)], bei 300 K):	Keine Angabe
Dichte (g / cm^3, bei 293,15 K)	28,7 *
Molares Volumen (m^3 / mol, im festen Zustand):	$9{,}76 \cdot 10^{-6}$
Wärmeleitfähigkeit [W / (m • K)]:	Keine Angabe
Spezifische Wärme [J / (mol • K)]:	Keine Angabe
Schmelzpunkt (°C ♦ K):	Keine Angabe
Schmelzwärme (kJ / mol)	Keine Angabe
Siedepunkt (°C ♦ K):	Keine Angabe
Verdampfungswärme (kJ / mol):	Keine Angabe

*Geschätzte bzw. berechnete Werte

Geschichte und Darstellung

Roentgenium wurde 1994, ebenfalls zuerst von einem Team um Hofmann, Armbruster und Münzenberg bei der Darmstädter Gesellschaft für Schwerionenforschung (GSI), durch Beschuss von $^{209}_{83}$Bi-Kernen mit denen des Nickels ($^{64}_{28}$Ni) in Gestalt eines einzigen Atoms dargestellt (Hofmann et al. 1995):

$$^{209}_{83}\mathrm{Bi} + ^{64}_{28}\mathrm{Ni} \rightarrow ^{272}_{111}\mathrm{Rg} + ^{1}_{0}\mathrm{n}$$

2002 wurde dieses Experiment in Darmstadt wiederholt mit dem Ergebnis, dass drei Atome des Roentgeniums gefunden wurden (Hofmann et al. 2002). Darauf bekam die GSI den Anspruch auf die Entdeckung sowie Benennung dieses neuen Elements zugeteilt (Vogt et al. 2003).

Dieselbe Kernfusionsreaktion versuchte bereits 1986 die Arbeitsgruppe um Oganessian des russischen Gemeinschaftsinstituts für Kernforschung in Dubna, jedoch registrierte man damals keine Atomkerne des Roentgeniums oder zumindest keine ausreichenden Beweise für deren eventuell erfolgte Bildung (Wilkinson et al. 1993; Vogt et al. 2001).

Ungefähr ein Jahrzehnt lang nannte man dieses Element nur „111“, bevor die GSI schließlich den Namen Roentgenium zu Ehren des deutschen Physikers Röntgen, des Entdeckers der Röntgenstrahlen, vorschlug. Dieser Name wurde dann auch offiziell anerkannt (Rosenblatt 2004).

Eigenschaften

Physikalische Eigenschaften: Roentgenium kommt ausschließlich in Form radioaktiver, sehr kurzlebiger Isotope vor, die allesamt nur auf künstlichem Weg zugänglich sind. Die bisher erzeugten Isotope des Elements besitzen Massenzahlen von 272, 274 sowie von 278 bis 282. Entweder erleiden diese α-Zerfall oder spontane Kernspaltung, wobei die schweren Isotope stabiler sind als die leichteren. So besitzt das Isotop $^{282}_{111}Rg$ immerhin eine Halbwertszeit von 2,1 min (!), die leichteren $^{281}_{111}Rg$ und $^{280}_{111}Rg$ immerhin noch solche von mehr als 1 s. Die leichtesten Isotope ($^{272}_{111}Rg$ und $^{274}_{111}Rg$) zerfallen jedoch schon mit Halbwertszeiten weniger ms. Durch α-Zerfall der entsprechenden Isotope des Nihoniums (Ordnungszahl 113) werden die jeweiligen Isotope des Roentgeniums ebenfalls gebildet (Morita et al. 2004).

Natürlich sind wieder einige Theorien über die zu erwartenden Stabilitäten noch gar nicht entdeckter Isotope des Elements im Umlauf, vor allem da die Atommassen der Nuklide des Roentgeniums langsam auf die ab einer Massenzahl von 300 erwartete „Insel der Stabilität“ zusteuern. So berechnete man für das noch nicht entdeckte $^{283}_{111}Rg$ eine Halbwertszeit von 10 min.

Man erwartet, dass Roentgenium unter Normalbedingungen ein Feststoff mit kubisch-raumzentrierter Struktur und einer Dichte von 28,7 g/cm^3 ist. Die leichteren Homologen Kupfer, Silber und Gold besitzen im Grundzustand eine Elektronenkonfiguration von $nd^{10}(n+1)s^1$. Für Roentgenium dagegen zeigen Berechnungen, dass die Konfiguration $6d^97s^2$ wegen relativistischer Effekte am stabilsten sein, und dass das Element wie Silber den typischen „Silberglanz“ aufweisen sollte (Liu und Van Wüllen 1999).

Chemische Eigenschaften: Roentgenium wird in seinen grundlegenden Eigenschaften dem Gold ähneln, aber durchaus einige Abweichungen zeigen. Es ist ebenfalls ein Edelmetall; seine Oxidationsstufe +1 ist weniger stabil als die vergleichbare des Goldes. Dafür sollten die Stufen +3 und +5 beständiger sein, also die vorhandenen d-Elektronen stärker in chemische Bindungen einbeziehen. Roentgenium hat eine geringere Elektronenaffinität als Gold, daher ist die Existenz der Oxidationsstufe −1 („Roentgenid“) unwahrscheinlich (Seth et al. 1998).

Verbindungen

Eindeutige Beweise für die chemischen Eigenschaften des Elements gibt es noch nicht, da an solche Studien Bedingungen gestellt werden. Diese besagen, dass anfangs vier Atome des zu studierenden Elements vorhanden sein müssen und zusätzlich pro Woche ein Nuklid einer Halbwertszeit von mindestens 1 s verfügbar sein soll (Düllmann 2012; Griffith 2008). Im Falle des mit einer Halbwertszeit von 26 s relativ „langlebigen“ Isotops $^{281}_{111}Rg$ scheiterte es bisher daran, dass nicht genug „Nachschub" erzeugt werden konnte, um die Durchführung eines Versuches aufrechterhalten zu können. Bisher fand die chemische Grundlagenforschung an Roentgenium aber noch nicht so viel Interesse wie an den schwereren, vermutlich edelgasähnlichen Elementen Copernicium und Livermorium (Hancock et al. 2006; Eichler 2013).

Berechnungen einzelner Bindungen besagen, dass die Bindung zwischen einem Rg- und einem H-Atom wegen relativistischer Effekte ziemlich stark ist. Ebenfalls untersusucht wurden Bindungen zwischen je einem Atom des Roentgeniums und eines Halogens. Rg^+ wird ein extrem weiches Kation sein, noch weicher als Cs^+ oder Au^+, jedoch ist noch nicht klar, ob selbst *„Roentgeniumhydroxid (RgOH)"* basische oder nicht doch schon saure Eigenschaften haben sollte (Thayer 2010).

Literatur

A. Ala et al., Wilson's disease. Lancet **369**(9559), 397–408 (2007)

M. Albinus, *Hagers Handbuch der pharmazeutischen Praxis* (Springer, Heidelberg, 1993). ISBN 978-0-387-52640-9

B.J. Alloway, *Schwermetalle in Böden, Analytik, Konzentration, Wechselwirkungen* (Springer, Heidelberg, 1999), S. 341. ISBN 3-642-63566-0

P.W.U. Appel, L. Na-Oy, The borax method of gold extraction for small scale miners. J. Health Pollut. **2**(3), 5–10 (2012)

Aramgutang, Foto „Gold-Nuggets“ (2005)

N. Bartlett et al., Silver trifluoride: Preparation, crystal structure, some properties, and comparison with AuF3. J. Am. Chem. Soc. **113**, 4192–4198 (1991)

T.A. Bayer, Dietary Cu stabilizes brain superoxide dismutase 1 activity and reduces amyloid Aβ production in APP23 transgenic mice. Proc. Natl. Acad. Sci. **100**, 14187–14192 (2003)

J. Belloni, Photography: Enhancing sensivity by silver halide crystal doping. Rad. Phys. Chem. **67**, 291–296 (2003)

Benjah-bmm27, Foto „Kupfer-I-bromid nach längerem Stehen an der Luft“ (2007)

Benjah-bmm27, Foto „Kupfer-I-chlorid“ (2007)

R.W. Berriman, R.H. Herz, Twinning and the tabular growth of silver bromide crystals. Nature **180**, 293 (1957)

H.J. Berthold, J. Born, Über Kupfer(I)-sulfat Cu_2SO_4. Darstellung und thermische Eigenschaften. Z. Anorg. Allg. Chem. **550**, 7–15 (1987)

H.J. Berthold et al., The crystal structure of copper(I)sulfate Cu_2SO_4. The first structure of a simple cuprous oxo-salt. Z. Kristalogr. – Cryst. Mater. **183**(1–4), 309–318 (1988)

S. Bestgen, *Synthese poly- und heterometallischer Funktionsmaterialien des Goldes, großer Silbersulfidcluster sowie funktionalisierter Komplexe edler Metalle für photolithographische Oberflächenbeschichtungen* (Cuvillier, Göttingen, 2016), S. 9. ISBN 978-3-73698-210-9

E.M. Beyer, Potent inhibitor of ethylene action in plants. Plant Physiol. **58**(3), 268–271 (1976)

G.P. Binner et al., Hysteresis in the β–α phase transition in silver iodide. J. Therm. Anal. Calorim. **84**, 409–412 (2006)

H. Sicius, *Kupfergruppe: Elemente der ersten Nebengruppe*, essentials, DOI 10.1007/978-3-658-17205-3

R. Blachnik, A. Müller, The formation of Cu2S from the elements. I. Copper used in form of powders. Thermochim. Acta **361**(1–2), 31–52 (2000)

R. Blachnik et al., *Taschenbuch für Chemiker und Physiker* (Springer, Heidelberg, 1998), S. 428. ISBN 3-642-58842-5

J.O. Bonnet, Kupfer gegen Keime: Erwartungen wurden übertroffen (Asklepios Kliniken Hamburg GmbH, Pressemitteilung, veröffentlicht 16. Juni 2009 beim Informationsdienst Wissenschaft)

G. Brauer, *Handbuch der Präparativen Anorganischen Chemie*, Bd. I, 3. Aufl. (Enke, Stuttgart, 1975). ISBN 3-432-02328-6

G. Brauer, *Handbuch der Präparativen Anorganischen Chemie*, Bd. II, 3. Aufl. (Enke, Stuttgart, 1978). ISBN 3-432-02328-6

S. Brownstein et al., A redetermination of the crystal structure of cupric chloride dehydrate. Z. Kristalogr. **189**, 13–15 (1989)

Bundesinstitut für Risikobewertung (BfR), BfR rät von Nanosilber in Lebensmitteln und Produkten des täglichen Bedarfs ab (Stellungnahme 024/2010 vom 28.12.2009, abgerufen am 29. November 2016)

P.C. Burns, F.C. Hawthorne, Tolbachite, $CuCl_2$, the first example of Cu_2^+ octahedrally coordinated by Cl^-. Am. Miner. **78**, 187–189 (1993)

A.I. Bush et al., PBT2 rapidly improves cognition in Alzheimer's disease: Additional phase II analyses. J. Alzheimer's dis. **20**(2), 509–516 (2010)

S.R. Carter, N.J.L. Megson, A phase rule investigation of cupric bromide in aqueous and hydrobromic acid solutions, J. Chem. Soc. 2954–2967 (1928)

D.J. Chakrabarti, D.E. Laughlin, The Cu/Se (Copper-Selenium) system. Bull. Alloy. Ph. Diagr. **2**, 305–315 (1981)

M.K. Chaudhuri et al., Molecular complexes of copper(I): Easy access to $CuF(PPh_3)_3 \cdot 2ROH$ (R = Me or Et). Transit. Met. Chem. **25**(5), 559–561 (2000)

Chemicalinterest, Foto „Tetrachlorogoldsäure" (2011)

R.R. Chromik et al., Thermodynamic and kinetic study of solid state reactions in the Cu–Si system. J. Appl. Phys. **86**, 4273 (1999)

CNBC, Foto „Goldbarren" (2016)

F.A. Cotton, G. Wilkinson, *Anorganische Chemie* (VCH, Weinheim, 1967), S. 837. ISBN 978-3-527-6686-9

C. Couto et al., Gold nanoparticles and bioconjugation: A pathway for proteomic applications. Crit. Rev. Biotechnol. **36**(2), 1–13 (2016)

J. D'Ans, E. Lax, *Taschenbuch für Chemiker und Physiker: Bd. 3. Elemente Anorganische Verbindungen und Materialien Minerale*, 4. Aufl. (Springer, Heidelberg, 1997), S. 428–429. ISBN 3-540-60035-3

J. Dönges, *Klärschlamm enthält Gold für Millionen von Euro, Spektrum der Wissenschaft online* (Springer, Heidelberg, 2015)

C.E. Düllmann, Superheavy elements at GSI: A broad research program with element 114 in the focus of physics and chemistry. Radiochim. Acta **100**(2), 67–74 (2012)

G. Dyker, *An Eldorado for Homogeneous Catalysis? Organic Synthesis Highlights* (Wiley-VCH, Weinheim, 2003), S. 48–55

R. Eichler, First foot prints of chemistry on the shore of the Island of superheavy elements. J. Phys. Conference Series IOP Sci. **420**(1), 012003 (2013)

ETF Extra Magazin, Foto „Silberbarren und -münzen" (2016)

K.K. Falkner, J. Edmond, Gold in seawater. Earth Planet. Sci. Lett. **98**(2), 208–221 (1990)

P. Fayet et al., Latent-image generation by deposition of monodisperse silver clusters. Phys. Rev. Lett. **55**, 3002 (1985)

Finanzen.net, Foto „Goldnuggets“ (2016)

H.E. Frimmel, Earth's continental crustal gold endowment: Earth Planet. Sci. Letters **267**, 45–55 (2008)

H.E. Frimmel et al., Short-range gold mobilisation in palaeoplacer deposits, mineral deposit research: Meeting the global challenge (Springer, Berlin, 2005) S. 953–956

Y. Fukuda, K. Utimoto, Effective transformation of unactivated alkynes into ketones or acetals with a gold (III) catalyst. J. Org. Chem. **56**, 3729–3731 (1991)

C. Gautier, T. Bürgi, Chiral inversion of gold nanoparticles. J. Am. Chem. Soc. **130**, 7077–7084 (2008)

M.W. George, *Mineral Commodity Summaries, United States Geologial Survey, Gold* (U. S. Department of the Interior, Washington, D.C., 2015)

M. Glehr et al., Argyria following the use of silver-coated megaprostheses. Bone Jt. J. **95-B**(7), 988–992 (2013)

G. Gottstein, *Materialwissenschaft und Werkstofftechnik Physikalische Grundlagen* (Springer, Heidelberg, 2013), S. 157. ISBN 978-3-642-36603-1

N.N. Greenwood, A. Earnshaw, *Chemie der Elemente*, 1. Aufl. (VCH, Weinheim, 1990), S. 1516. ISBN 3-527-26169-9

W.P. Griffith, The periodic table and the platinum group metals. Platin. Met. Rev. **52**(2), 114–119 (2008)

R.D. Hancock et al., Density functional theory-based prediction of some aqueous-phase chemistry of superheavy element 111. Roentgenium(I) Is the 'Softest' metal ion. Inorg. Chem. **45**(26), 10780–10785 (2006)

L. Hartmann, Faraday an Liebig (1858): Zur Geschichte der Silberspiegelherstellung. Sudhoffs Archiv **32**, 397 (1940/1939).

A.S.K. Hashmi et al., Highly selective gold-catalyzed arene synthesis. J. Am. Chem. Soc. **122**, 11553–11554 (2000)

M. Höfling, Silber-Rallye im Windschatten des Goldes (14. Oktober 2009). http://www.welt.de. Zugegriffen: 29. Nov. 2016

S. Hofmann, New results on elements 111 and 112. Eur. Phys. J. A **14**(2), 147–157 (2002)

S. Hofmann et al., The new element 111. Z. Phys. A **350**(4), 281–282 (1995)

J. Hohmeyer, Charakterisierung von Silberkatalysatoren für die Selektivhydrierung mittels DRIFT-Spektroskopie, Adsorptionskalorimetrie und TAP-Reaktor (Dissertation, Fritz-Haber-Institut Berlin/Technische Universität Darmstadt, 2009)

A.F. Holleman, E. Wiberg, N. Wiberg, *Lehrbuch der Anorganischen Chemie*, 101. Aufl. (De Gruyter, Berlin, 1995). ISBN 3-11-012641-9

A.F. Holleman, E. Wiberg, N. Wiberg, *Lehrbuch der Anorganischen Chemie*, 102. Aufl. (De Gruyter, Berlin, 2007). ISBN 978-3-11-017770-1

S. Hong et al., History of ancient copper smelting pollution during roman and medieval times recorded in greenland ice. Science **272**(5259), 246–249 (1996)

F. Hulliger, *Structural chemistry of layer-type phases* (D. Reidel Publishing & Springer Science & Media, Dordrecht, 1977), S. 165. ISBN 978-90-277-0714-7

K. Ishikawa et al., Structure and electrical properties of Au_2S. Solid State Ionics **79**, 60–66 (1995)

P.D. Jadzinsky et al., Structure of a thiol monolayer-protected gold nanoparticle at 1.1 Å resolution. Science **318**, 430–433 (2007)
S. Jahn, Lockensilber aus Imiter – echt oder eine Fälschung? Min. Welt **6**, 28–31 (2008)
C. Janiak et al., *Moderne Anorganische Chemie* (De Gruyter, Berlin, 2012), S. 259. ISBN 978-3-11-024901-9
M. Jansen, Die unedle Seite von Gold, Innovations Report (IDEA TV Gesellschaft für kommunikative Unternehmensbetreuung, Schmitten, Deutschland, veröffentlicht 6. September 2000)
F.C. Katrivanos, *Silver, Mineral Commodity Summaries, U. S. Geological Survey* (U. S. Department of the Interior, Washington, D.C., 2015)
R. Keim, *Silber Teil B 2. Verbindungen mit Brom, Jod und Astat* (Springer, Heidelberg, 2013), S. 94. ISBN 978-3-662-13330-9
R. Keiter et al., *Anorganische Chemie: Prinzipien von Struktur und Reaktivität* (De Gruyter, Berlin, 2003), S. 150. ISBN 978-3110179033
H. Kessler et al., Effect of copper intake on CSF parameters in patients with mild Alzheimer's disease: A pilot phase, 2 clinical trial. J. Neural Transm. **115**, 1651–1659 (2008)
P.A. Kilty, W.M.H. Sachtler, The mechanism of the selective oxidation of ethylene to ethylene oxide. Cat. Rev. **10**, 1–16 (1974)
L.C. King, G.K. Ostrum, Selective bromination with copper(II) bromide. J. Org. Chem. **29**(12), 3459–3461 (1964)
A. Knop-Gericke et al., Chapter 4 X-Ray photoelectron spectroscopy for investigation of heterogeneous catalytic processes. Adv. Catal. **52**, 213–272 (2009)
E.-C. Koch, Spectral investigation and color properties of copper(I) halides CuX (X = F, Cl, Br, I) in pyrotechnic combustion flames, propellants. Explos. Pyrotech. **40**, 799–802 (2015)
J. Köhler et al., *Explosivstoffe*, Bd. 10 (Wiley-VCH, Weinheim, 2008). ISBN 978-3-527-32009-7
K. Köhler et al., Synthese und Reaktionsverhalten monomerer Bis(η2-Alkin)-Kupfer(I)-Fluorid- und-Kupfer(I)-Hydrid-Komplexe. J. Organomet. Chem. **553**(1–2), 31–38 (1998)
A. Kramer, *Klinische Antiseptik* (Springer, Heidelberg, 2013), S. 253. ISBN 978-3-642-77715-8
M. Kristl, M. Drofenik, Preparation of Au_2S_3 and nanocrystalline gold by sonochemical method. Inorg. Chem. Commun. **6**, 1419–1422 (2003)
Kübelbeck, Foto „Silberbarren 5 kg“ (2010)
A. Laguna, *Modern Supramolecular Gold Chemistry: Gold-Metal Interactions and Applications* (Wiley, Hoboken, 2008), S. 49. ISBN 3-527-62376-0
J. Levec et al., On the reaction between xenon and fluorine. J. Inorg. Nucl. Chem. **36**(5), 997–1001 (1974)
W. Liu, C. v. Wüllen, Spectroscopic constants of gold and eka-gold (element 111) diatomic compounds: The importance of spin – orbit coupling. J. Chem. Phys. **110**(8), 3730–3735 (1999)
T.N. Lung, The history of copper cementation on iron – The world's first hydrometallurgical process from medieval China. Hydrometall. **17**(1), 113–129 (1986)

S. Lutsenko et al., Function and regulation of human copper-transporting ATPases. Physiol. Rev. **87**(3), 1011–1046 (2007)

H. Maier, A method for processing a wafer (DE102014115712A1, Infineon Technologies AG, veröffentlicht 30. April 2015)

O. Mangl, Foto „Kupfer-II-fluorid" (2007)

J.O. Marsden, C.I. House, *The Chemistry of Gold Extraction*, 2. Aufl. (Society for Mining & Metallurgy and Exploration, Littleton, 2006), S. 455–457. ISBN 978-0-87335-240-6

J.F. Mercer, Menkes syndrome and animal models. Am. J. Clin. Nutr. **67**(5), 1022S–1028S (1998)

Metaswiss Recyclingservice, Foto „Kupfer, Seile" (2009)

Y. Mido, S. Taguchi, *Chemistry in Aqueous and Non-aqueous Solvents* (Discovery Publishing House, New Delhi, 1997), S. 158. ISBN 81-7141-331-5

J. Mildenberger, *Anton Trutmanns Arzneibuch Teil II: Wörterbuch*, Bd. 5 (Königshausen & Neumann Verlag, Würzburg, 1997), S. 2274. ISBN 3-8260-1398-0

W.T. Miller, R.J. Burnard, Perluoroalkylsilver compounds. J. Am. Chem. Soc. **90**, 7367–7368 (1968)

K. Morita et al., Experiment on the synthesis of element 113 in the reaction 209Bi(70Zn, n)278113. J. Phys. Soc. Jpn **73**(10), 2593–2596 (2004)

J.R. Morones-Ramirez et al., Silver enhances antibiotic activity against gram-negative bacteria. Sci. Transl. Med. **5**(190), 19081 (2013)

T. Morris et al., Synthesis and characterization of gold sulfide nanoparticles. Langmuir **18**(2), 535–539 (2002)

H.-C. Müller-Rösing et al., Structure and bonding in silver halides: A quantum…X = F, Cl, Br, I. J. Am. Chem. Soc. **127**, 8133–8145 (2005)

A. Nagy, The dynamic restructuring of electrolytic silver during the formaldehyde synthesis reaction. J. Catal. **179**, 548–559 (1998)

R. Neeb, *Inverse Polarographie und Voltammetrie* (Akademie-Verlag, Ost-Berlin, 1969), S. 185–188

M.C. Nguyen et al., New layered structures of cuprous chalcogenides as thin film solar cell materials: Cu_2Te and Cu_2Se. Phys. Rev. Lett. **111**, 165502 (2013)

N.N. Illegale Schürfer, Teures Gold zerstört den Regenwald, spiegel.de (veröffentlicht 20. April 2011)

H. Okamoto et al., Gold-Quecksilber-Phasendiagramm bei, The Au-Hg (Gold Mercury) System. Bull. Alloy Phase Diagrams **10**, 50 (1989)

D.W. Osborne et al., The addition of fluorine to halogenated olefins by means of metal fluorides. J. Org. Chem. **28**, 494–497 (1962)

Pelant, Foto „Kupfer-II-sulfid" (2005)

D.L. Perry, *Handbook of Inorganic Compounds*, 2. Aufl. (Taylor & Francis, Boca Raton, 2011a), S. 191. ISBN 1-4398-1461-9

D.L. Perry, *Handbook of Inorganic Compounds*, 2. Aufl. (Taylor & Francis, Boca Raton, 2011b), S. 486. ISBN 1-4398-1461-9

H.W. Richardson, *Handbook of copper compounds and applications* (Marcel Dekker, Inc., New York, 1997). ISBN 978-0-8247-8998-5

E. Riedel, C. Janiak, *Anorganische Chemie* (De Gruyter, Berlin, 2011), S. 759. ISBN 3-11-022567-0

H. Rietschel, *Hochtemperatur-Supraleiter, Lexikon der Physik* (Spektrum Akademischer Verlag, Heidelberg, 1998)

E.G. Rochow, *The Chemistry of Silicon Pergamon International Library of Science, Technology, Engineering and Social Studies* (Elsevier, Amsterdam, 2013), S. 1361. ISBN 978-1-4831-8755-6

H.W. Roesky, *Efficient Preparations of Fluorine Compounds* (Wiley, Hoboken, 2012), S. 96. ISBN 1-118-40942-6

G.M. Rosenblatt et al., *Name and symbol of the element with atomic number 111.* Pure Appl. Chem. **76**(12), 2101–2103 (2004)

Rrausch 1974, Foto „Schwer wasserlösliche Silber-I-halogenide“ (2012)

T. Röttgers, Design und Struktur ionophorer Kupfer(I)-iodid- und -pseudohalogenidhaltiger Koordinationspolymere mit 1,10-Dithio-18-Krone-6 als verbrückendem Liganden, Dissertation, Ruhr-Universität Bochum, Fakultät Chemie, Bochum, 2001

R. Schlögl et al., Combined in situ XPS and PTRMS study of ethylene epoxidation over silver. J. Catal. **238**, 260–269 (2006)

R. Schmidt, B.G. Müller, Einkristalluntersuchungen an $Au[AuF_4]_2$ und CeF_4, zwei unerwarteten Nebenprodukten. Z. anorg. allg. Chem. **625**, 605–608 (1999)

H. Schröcke, K.-L. Weiner, *Mineralogie: Ein Lehrbuch auf systematischer Grundlage* (De Gruyter, Berlin, 1981), S. 223. ISBN 3-11-083686-6

K. Seppelt, S. Seidel, Xenon as a complex ligand: The tetra xenono gold(II) cation in $AuXe_4^{2+}(Sb_2F_{11}^-)_2$. Science **290**, 117–118 (2000)

C. Seidler, Schatzsucher heben das Rheingold (23. August 2012), Spiegel Online. http://www.spiegel.de/wissenschaft/natur/rohstoffe-in-deutschland-schatzsucher-heben-das-rheingold-a-847742.html. Zugegriffen: 30. Nov. 2016

M. Seth et al., The chemistry of the superheavy elements. II. The stability of high oxidation states in group 11 elements: Relativistic coupled cluster calculations for the di-, tetra- and hexafluoro metallates of Cu, Ag, Au, and element 111. J. Chem. Phys. **109**(10), 3935–3943 (1998)

M. Seth et al., The stability of the oxidation state +4 in group 14 compounds from carbon to element 114. Angew. Chem. Int. Ed. Engl. **37**(18), 2493–2496 (1998)

H. Sicius, Foto „Kupfer Plättchen“ (2016)

I. Singh et al., Low levels of copper disrupt brain amyloid-β homeostasis by altering its production and clearance. Proc. Natl. Acad. Sci. **110**(36), 14771–14776 (2013)

H. Sitzmann, *Silberbromid, Römpp Online* (Thieme-Verlag, Stuttgart, 2009)

H. Sitzmann, *Gold-Verbindungen, Römpp Online* (Thieme-Verlag, Stuttgart, 2011)

Softyx, Foto „Kupfer-II-chlorid, wasserfrei“ (2002)

H. Sperber, Herstellung von Formaldehyd aus Methanol in der BASF. Chemie Ingenieur Technik **41**, 962–966 (1969)

M.A. Subramanian, L.E. Manzer, A “Greener” synthetic route for fluoroaromatics via copper (II) fluoride. Science **297**(5587), 1665 (2002)

J.V. Supniewski, P.L. Salzberg, Allyl cyanide. Org. Synth. **8**, 4 (1928)

M. Tanabe, R.H. Peters, (R, S)-Mevalonolactone-2-13C. Org. Synth. **60**, 92 (1981)

J.S. Thayer, *Relativistic Effects and the Chemistry of the Heavier Main Group Elements, Relativistic Methods for Chemists* (Springer, Netherlands, 2010), S. 82

S. Venable, *Gold: A Cultural Encyclopedia* (ABC-CLIO, Santa Barbara, 2011), S. 118. ISBN 978-0-313-38431-8

E. Vogt et al., On the discovery of the elements 110–112. Pure Appl. Chem. **73**(6), 959–967 (2001)

E. Vogt et al., On the claims for discovery of elements 110, 111, 112, 114, 116, and 118. Pure Appl. Chem. **75**(10), 1601–1611 (2003)

Walkerma, Foto „Kupfer-I-iodid“ (2005)

Walkerma, Zeichnung „Hydratisierung von Alkinen, Katalysator Gold-III-chlorid“ (2005)

Walkerma, Zeichnung „Reaktion von 2-Methylfuran mit Buten-2-on-3“ (2005)

Walkerma, Zeichnung „Ringschluss substituierter Furane“ (2005)

Wampenseppl-commonswiki, Foto „Kupfer-I-bromid wasserfrei“ (2013)

P. Wang, Carbon-coated Si-Cu/graphite composite as anode material for lithium-ion batteries. Int. J. Electrochem. Sci. **1**, 122–129 (2006)

S.L. Warnes, C.W. Keevil, Inactivation of norovirus on dry copper alloy surfaces. PLoS One. **8**(9), e75017 (2013)

A.F. Wells, *Structural Inorganic Chemistry*, 5. Aufl. (Oxford University Press, Oxford, 1984), S. 410–444

M.S. Wickleder et al., $AuSO_4$: A true gold(II) sulfate with an Au-2(4+) ion. Z. Anorg. Allg. Chem. **627**(9), 2112–2114 (2001)

D.H. Wilkinson et al., Discovery of the transfermium elements. Part II: Introduction to discovery profiles. Part III: Discovery profiles of the transfermium elements. Pure Appl. Chem. **65**(8), 1757 (1993)

J.T. Wolan, G.B. Hoflund, Surface characterization study of AgF and AgF_2 powders using XPS and ISS. Appl. Surf. Sci. **125**(3–4), 251–258 (1998)

J. Xiao et al., Structure, optical property and thermal stability of copper nitride films prepared by reactive radio frequency magnetron sputtering. J. Mat. Sci. Technol. **27**, 403–407 (2011)

Y. Zhu et al., Geochemistry of hydrothermal gold deposits: A review. Geosci. Front. **2**, 367 (2011)

A. Zweig et al., New methods for selective monofluorination of aromatics using silver difluoride. J. Org. Chem. **45**(18), 3597–3603 (1980)

Printed in the United States
By Bookmasters